气象观测装备故障维修手册系列丛书

新一代天气雷达 （CINRAD/CB） 维修手册

中国气象局综合观测司

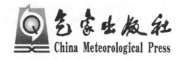

气象出版社
China Meteorological Press

内 容 简 介

本手册简述了 CINRAD/CB 型新一代天气雷达系统的基本组成与结构、工作原理及信号流程等设备概况;介绍了 CB 型雷达设备的基本清单和主要技术参数;分析和讨论了 CB 型雷达的使用条件和故障特点,提出了按照故障现象划分故障等级的分级索引原则;重点描述了以设备故障现象为索引、以信号流程和关键点测试为主线的典型雷达故障诊断处理方法和具体操作流程,剖析了 CB 型雷达的工作原理和技术特征,有针对性地提出了雷达故障通用测试流程和仪表使用方法。

本手册可作为气象装备分级保障、雷达观测和设备生产研发等相关领域的业务技术人员和气象装备保障业务管理部门的参阅书目,也可以作为相关院校或培训机构气象仪器技术等专业的参考书籍。

图书在版编目(CIP)数据

新一代天气雷达(CINRAD/CB)维修手册 / 中国气象
局综合观测司编著. — 北京:气象出版社,2019.8
ISBN 978-7-5029-7037-6

Ⅰ.①新… Ⅱ.①中… Ⅲ.①天气雷达-维修-手册
Ⅳ.①TN959.4-62

中国版本图书馆 CIP 数据核字(2019)第 182174 号

新一代天气雷达(CINRAD/CB)维修手册
中国气象局综合观测司

出版发行:气象出版社

地　　址:北京市海淀区中关村南大街 46 号　　　　邮政编码:100081
电　　话:010-68407112(总编室)　010-68408042(发行部)
网　　址:http://www.qxcbs.com　　　　**E-mail:**　qxcbs@cma.gov.cn
责任编辑:隋珂珂　　　　　　　　　　　**终　　审:**吴晓鹏
责任校对:王丽梅　　　　　　　　　　　**责任技编:**赵相宁
封面设计:博雅思企划
印　　刷:北京中石油彩色印刷有限责任公司
开　　本:787 mm×1092 mm　1/16　　　　印　　张:8.5
字　　数:212 千字
版　　次:2019 年 8 月第 1 版　　　　　　　印　　次:2019 年 8 月第 1 次印刷
定　　价:56.00 元

总　　序

综合气象观测是气象和地球相关学科业务与科研的重要基础,在气象防灾减灾、应对气候变化和生态文明建设中占有重要地位。推动以智慧气象为标志的气象现代化建设,全面建成现代化气象强国,离不开综合智能、稳定可靠运行的气象观测系统,因此,加强观测保障业务能力建设尤为重要。

《全国气象现代化发展纲要(2015—2030年)》提出"建成信息化的装备保障业务",《综合气象观测业务发展规划(2016—2020年)》明确提出"加强技术装备保障能力建设""增强维护维修能力,建立装备分级保障及评价制度",为新时代装备保障业务发展指明方向。近年来,我国气象装备保障工作取得长足的进步,装备保障能力显著提升。装备保障业务一体化系统在全国气象部门推广应用,实现了气象观测装备从出厂到报废全寿命跟踪管理。在国、省两级完成气象观测装备维修测试平台的建设,核心业务装备自主保障能力进一步增强,实现了气象计量检定业务的自动化和批量化以及全国地市移动校准维修系统的全覆盖。

同时,装备保障工作也面临诸多挑战,一是保障的类别多、数量大、分布广,需要运行保障的装备有各种气象观测站60000多个、各类观测装备270多种,覆盖全国96%的乡镇;二是保障业务有时限性要求。出现装备故障时要迅速响应,在规定的时间内完成保障任务。比如:国家级地面气象观测站在台站的维修时限为12小时,地市级维修时限为24小时,省级维修时限为36小时。三是新装备新技术对保障工作提出新要求。随着高新技术的不断应用,低功耗、高精度、可见光红外和微波全波段组合观测技术、固态发射机、相控阵技术以及大气成分观测等新型探测技术进入观测业务系统,装备保障技术需要与时俱进、开拓创新,不断跟踪和掌握新型技术装备的保障工作。

面对新形势、新挑战和新要求,装备保障要更好地为气象现代化和全面实现气象观测自动化做好基础支撑,首先,要提高气象观测技术装备保障业务水平。建设装备保障综合业务系统,统一技术标准和业务平台,加快建设各级互联互通、涵盖装备保障各项功能的综合业务系统。制定各类气象观测技术装备诊断维修、维护巡检业务标准,完善各类技术装备维护维修业务规定。针对各类气象观测系统运行特点和各地实际,分类建立适应观测系统运行要求的维护维修保障模式,提升气象观测技术装备综合保障能力。其次,要健全装备保障业务体制机制。完善自主保障和社会化保障有机结合的工作机制,结合技术装备运行特点和各地实际,逐步推进数量多、分布广、维护简易的装备维护维修保障社会化,实现自主保障和社会化保障有机结合。加强综合气象观测业务统筹协调,在观测系统建设的同时,同步建设相应的装备保障系统。建立运行监控、维护维修、计量检定和储备供应业务间分工协作、上下衔接、左右配合的联动机制,形成装备保障业务合力,提高业务运行效率。最后,要加强装备保障科技支撑和队伍建设。鼓励各级各单位装备保障技术创新活动,引导和促进创新成果业务转化和应用。完善装备保障业务岗位设置和激励机制,稳定装备保障队伍,完善装备保障业务培训机制,不断提高保障业务人员的业务水平和专业技能。

因此，中国气象局综合观测司通过充分调研，编制印发了《省级气象观测装备维修业务分级指导意见》，并组织全国天气雷达、新型自动气象站及探空雷达的技术专家及相关生产厂家编写了《DZZ4 型自动气象站维修手册》等系列维修手册（以下简称《维修手册》），完善了省（区、市）、地（市）、县级气象部门维修业务流程和运行机制，针对不同装备运行特点和实际维修需求，制定分级分类维修标准，规范维修业务流程。

《维修手册》一共十二册，涵盖了观测业务中各种型号的天气雷达、新型自动气象站及探空雷达等观测装备，其中天气雷达七册、探空雷达一册、新型自动气象站四册。《维修手册》以装备基本原理和故障现象为索引，以具体故障诊断处理方法和操作流程为主线，还给出了关键点维修测试流程及仪器仪表操作方法，主要内容包括设备概况、基本清单、技术指标、故障现象和索引列表、故障诊断和排除方法、测试维修流程、仪器仪表操作方法和附录等。

《维修手册》正是满足了广大基层保障技术人员的需求，为基层保障技术人员使用和维护维修气象装备提供直接指导。希望本套手册能为工作在气象装备保障一线的业务人员提供更好的探空雷达、天气雷达和自动气象站等维护维修技术，提高业务技术能力。

2018 年 10 月 25 日

前　　言

　　新一代天气雷达是监测台风、暴雨等大范围降水天气和雹云、龙卷、气旋等中小尺度强对流天气系统有效的探测手段,是气象现代化建设的重要组成部分,在短时临近预报、防灾减灾等工作中发挥着不可替代的重要作用。

　　为了提高新一代天气雷达分级保障能力和水平,切实加强新一代天气雷达故障诊断、分级维修工作,编写组在深入调研的基础上,结合工作经验,根据各型号雷达技术特点,编写了《新一代天气雷达(CINRAD/CB)维修手册》。手册主要面向雷达保障人员,从新一代天气雷达基本原理和组成入手,以信号流程和关键点测试为主线,明确了雷达故障诊断方法、故障分级和流程。按照故障分级,介绍雷达典型故障诊断处理方法,同时还介绍了测试流程和仪表操作方法等。

编者

2019 年 5 月

目　　录

1 新一代天气雷达(CINRAD/CB)设备概况

1.1 新一代天气雷达(CINRAD/CB)系统概述

CINRAD/CB 天气雷达系统采用高相位稳定的全相干脉冲多普勒(PD)体制,应用高稳定主振放大发射机,低噪声大动态范围数字接收机,低副瓣天线,数字接收和软件信号处理,实时图像终端等新技术和工艺,具有高灵敏度、大动态、可靠性高、使用维护方便等特点。PD 体制设计使本雷达能够在地物杂波背景下测量气象回波强度及区域分布特性,同时可测量散射体径向速度和速度谱宽。雷达系统提供多种气象目标相态信息,雷达回波强度测量距离大于400km,速度测量距离大于 200km,地杂波抑制度大于 52dB。

雷达对主要性能参数进行在线监测和强度速度自动标校,具有较高的相干性和地物杂波抑制能力,能对降水回波功率和风场信息进行准确的测量。

CINRAD/CB 天气雷达在监测远距离目标强度信息时,低仰角采用多普勒波形监测(CS)模式,低脉冲重复频率的探测模式(或高脉冲重复频率相位编码信号处理模式)减少距离折叠,多普勒波形模式减少速度模糊;中仰角采用监测模式(长脉冲重复间隔)和多普勒模式(短脉冲重复间隔)脉冲组合成交替的脉冲组(批波形模式)来获得径向速度、频谱宽度和反射率;高仰角采用多普勒波形模式,较短的脉冲重复间隔,这些扫描策略以减少距离折叠和速度模糊对探测资料质量的影响。

接收分系统中的频综输出射频激励信号,送入发射分系统,经前级固态放大器作前置功率放大和脉冲波形整形后,再经可变衰减器进行增益调节,最后送至末级速调管功率放大器。全固态调制器向速调管提供阴极调制脉冲,从而控制雷达发射脉冲波形。速调管工作在临界饱和状态,以保证其既有较高的效率,又能对信号不失真地放大。经速调管放大后,射频脉冲功率可达 250kW 以上,经电弧检测波导、定向耦合器、大功率环流器、馈线送至天线,将射频脉冲发射出去。天线定向辐射的电磁波遇到云、雨等降水目标时,便会发生后向散射,形成气象目标的射频回波信号被天线接收。

天线接收到的射频回波信号,经过雷达的接收馈线部分和接收机保护器(T/R 管),送往接收分系统的射频模拟接收分机,经过射频低噪声放大和变频,送至数字中频接收机。经匹配滤波、动态范围补偿和通道均衡处理等,输出 16 位的 I/Q 正交信号送往信号处理分系统。

信号处理分系统为软件信号处理,具有相位编码功能,对来自接收分系统的 16 位 I/Q 正交信号,通过平均处理、地物对消滤波处理,得到反射率的估测值,即回波强度 Z;并通过脉冲对处理(PPP)或快速傅立叶变换(FFT)处理,从而得到散射粒子群的平均径向速度 V 和速度的平均起伏即速度谱宽 W。上述回波强度、平均径向速度和速度谱宽信息,送至数据处理和产品生成分系统,通过宽带通信系统将产品分发到各级用户。

监控分系统(DAU)负责对雷达全机的监测和控制。它自动将检测、采集雷达各分系统的故障信息和状态信息,通过串口送往终端服务器(注:伺服分系统的 BIT 信息伴随角码信号通过接收机输入输出转接口送到数字中频接收机处理后通过高速网线后终端服务器 RDASC)。由终端分系统发出对其他各分系统的操作控制指令和工作参数设置指令,通过串口传送到监控分系统,经监控分系统分析和处理后,转发至各相应的分系统,完成相应的控制操作和工作参数设置。雷达操作人员在终端显示器上能实时监视雷达工作状态、工作参数和故障情况。

遥控方式下伺服分系统接收来自上位机的速度、位置命令(服务器 RDASC 发出经网线传输到数字接收机处理,再经接收机输入/输出转接口的串口发送到伺服分系统),由其计算处理后,输出电机驱动信号,控制天线以指令规定的方式运转,完成天线的方位和俯仰扫描控制;同时定时将天线方位和俯仰角码数据、速度数据、伺服报警信息(以下简称:BIT)以高速串行(SPI)方式发送给上位机(经接收机输入/输出转接口的串口发送到数字接收机,再经数字接收机网线传输到服务器 RDASC);将伺服系统电源模拟采样信号通过串口送往监控分系统(DAU),再经接收机输入/输出转接口的串口发送到服务器 RDASC;以及接收服务器 RDASC 经串口发到 DAU 的伺服使能(工作/待机)命令,此命令信号再经接收机输入/输出转接口的串口发送到伺服分系统;在本控方式下,按下伺服分系统面板上相应按键,可以使天线方位和俯仰以固定的速率运转;在不对伺服控制器加电的情况下,也可以只对方位和俯仰电机进行松闸操作。

基于服务器的软件信号处理和产品生成分系统,对于数字中频接收机送来的雷达探测气象目标回波的原始 I/Q 数据进行采集、处理,形成基数据文件,并在终端显示器上显示各种气象雷达产品。通过服务器和通信网络,可以将基数据和气象产品传送给其他用户。新一代天气雷达(CINRAD/CB)原理框图如图 1.1 所示。

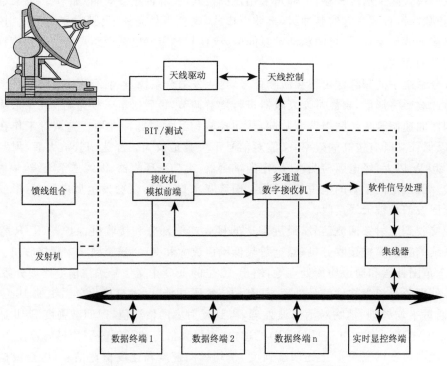

图 1.1　新一代天气雷达(CINRAD/CB)原理框图

CINRAD/CB 天气雷达具有远程遥控功能,控制部分通过远控软件 A,远程桌面级控制 RDA 计算机(服务器),远程控制采用 C/S 结构,设置监视和控制两个权限。监视权限:可以查看实时体扫数据,查看雷达运行参数,但是不能控制雷达运行。控制权限:具有监视权限的全部功能,可以修改体扫模式,可以修改适配参数。

供电控制部分通过远程软件,连接机房新增的远控配电机柜,可控制配电机柜中各分系统的断电上电,及发射机辅助供电/高压供电/照明供电开关的断电上电,以及发射机故障清除和手动复位功能。满足雷达无人值守自动化运行。

1.2 新一代天气雷达(CINRAD/CB)基本组成与结构

新一代天气雷达系统是一个智能型的雷达系统,它综合了先进的雷达技术、计算机技术、通信技术,集成探测、资料采集、处理、分发、存贮等多种功能于一体。总体上雷达由三大部分组成:雷达数据采集(RDA)、产品生成(RPG)、用户终端(PUP)。

雷达数据采集:雷达主要硬件都集中在这一部分,RDA 包括天线罩、天线、馈线、天线座、伺服系统、发射机、接收机(接收机模拟前端、数字中频接收机)、软件信号处理器等。新一代天气雷达还在这部分设有 RDASC,它由服务器和一些接口装置构成,控制雷达运行、数据采集、状态参数监控、误差检测、自动标定等。RDA 按无人值守设计,具有远程遥测、遥控、遥显功能,满足可靠性、可维护性、可利用性要求。新一代天气雷达系统硬件组成如图 1.2 所示。

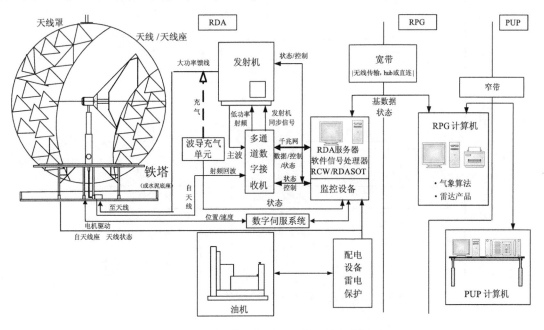

图 1.2 新一代天气雷达系统硬件组成框图

产品生成:由服务器及通信接口等组成,对采集的雷达观测数据通过软件进行数据处理后形成多种分析、识别、预警预报产品,重点在软件系统的设计(软件编程、产品算法等)、运行。

用户终端:由计算机及通信接口等组成,对形成的产品进行图形、图像显示。

CINRAD/CB 天气雷达在各分系统均预留完整的双线偏振升级软、硬件接口,采用同时发射同时接收体制,上传的雷达状态数据文件格式完全兼容双偏振模式。网络版数字接收机和软件信号处理器具有双偏振接口,支持 H/V 通道及 Burst 信号的多通道输入和信号处理功能。伺服系统,汇流环结构及俯仰箱结构已为双偏振预留接口。更换网络版数字接收机时,接收机内部结构已为双偏振预留接口,在双偏振改造时只需增加另一模拟通道(保护器、场放、混频/前中等)即可。升级后的系统兼容单偏振模式。

　　质量整改后新一代天气雷达功能结构示意图如图 1.3 所示。

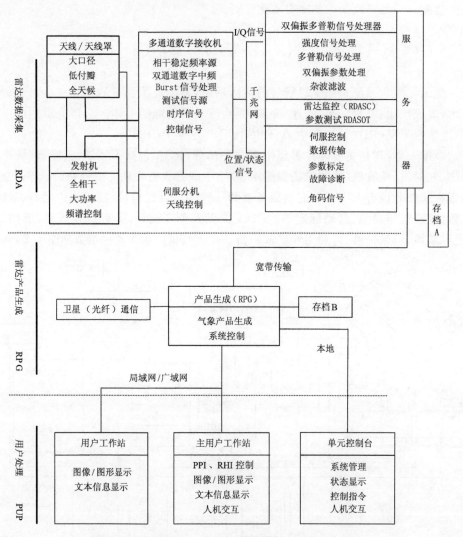

图 1.3　质量整改后新一代天气雷达功能结构示意图

1.3　新一代天气雷达(CINRAD/CB)系统工作原理

　　新一代天气雷达系统由主振放大式全相参发射机、多通道大动态数字中频接收机(WRSP)、交流数字伺服系统、天馈系统、监控系统(DAU)、远程遥控电源分机等。

1.3.1 发射机分系统工作原理

发射分系统是雷达的核心组成部分之一。CINRAD/CB 雷达是一部主振放大式单注永磁速调管发射机,调制器为全固态调制器,具有频率稳定度高,失真小,相位相参等优点。CIN-RAD/CB 雷达发射机具有以下特点:

a)前级采用固态放大器,末级采用速调管放大器,具有高增益、高效率、高稳定性等优点;

b)采用回扫充电和全固态调制器技术,具有体积小、精度高、宽匹配、可靠性高、维护方便等优点;

c)采用以 PC104 为核心的控制保护系统,方便地实现与主控台的信息传输,可遥控开、关发射机,为发射机的无人值守做好准备;

d)一体化的机柜设计,抽屉式的分机,在结构上保证了发射机作为移动设备的可靠性,且方便调试和维护;

e)采用的"通用化、系列化、模块化"三化设计,方便了用户的操作、使用与维护。

发射机主要由高频部分、电源部分、高压脉冲调制部分以及控保电路等组成。高频部分由前级固态放大器、可变衰减器、末级速调管放大器、高频保护分机等组成;电源部分由钛泵电源、灯丝电源、低压电源等组成;高压脉冲调制部分由回扫充电电路、调制器、触发器、油箱等组成;控保电路由控制保护板、测量接口板、控制面板、配电控制分机等组成。

发射机框图如图 1.4 所示。

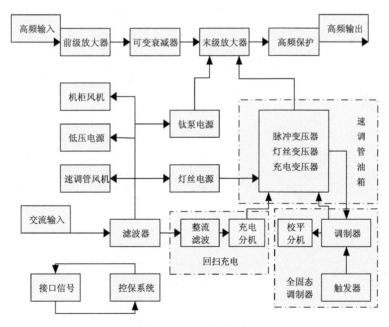

图 1.4　发射机框图

1.3.2 接收机分系统工作原理

CINRAD/CB 雷达采用了多普勒相干体制,具有模块化、大动态、低噪声、频综稳定度高的特点。接收分系统由频综、接收通道、低噪声场放、接收机接口板等组成。

雷达接收分系统将天线接收到的微弱回波信号,经过 RF 水平/垂直两路低噪声放大、带通滤波,并与本振信号混频,把射频变换成中频,再经中频滤波和衰减。衰减后的中频信号送入 WRSP 两路通道后经 A/D 变换,并利用主波混频后 COHO 信号进行校正,产生 I、Q 信号。接收机的频率源还给发射机提供射频驱动信号。接收机还产生射频测试信号,用于接收机的故障检测和系统定标校准。

CINRAD/CB 雷达接收机已经预留双偏振接口,CINRAD/CB 雷达接收机将天线接收到的微弱水平和垂直通道回波信号,各经自低噪声放大、射频到中频的变换、中频滤波,最后送到多通道数字中频接收机,经数字中频接收机处理成信号处理器所需的双通道(水平和垂直通道)I、Q 原始数据,最后通过高速网线传输到服务器。

此外,接收机通过接收机输入输出转接口,提供全机定时触发信号。DAU 通过接收机输入输出转接口串口向 RDA 服务器提供全机监控信息。接收机原理图如图 1.5 所示。

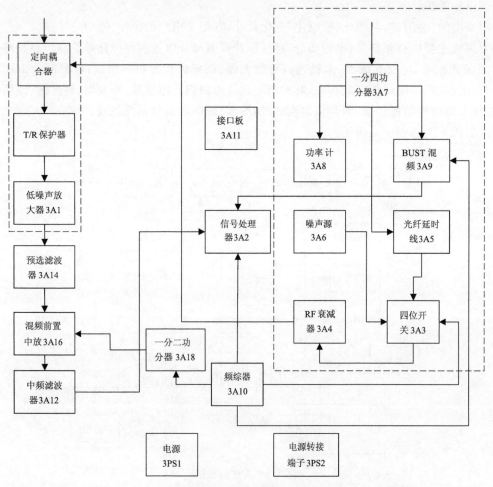

图 1.5　接收机原理图

接收机的主要功能有:向发射机提供高稳定的射频驱动信号;相参接收雷达的回波信号,经放大、变频后送到数字中频接收系统;能进行系统的定标和校准工作。

CINRAD/CB 雷达接收机是全相参脉冲多普勒雷达接收机,整个雷达系统的所有信号频率,包括发射信号、本振信号、相参信号、时钟信号、同步信号等均为一台频率源提供。频率源的频率稳定度很高,相位噪声很低,并且接收机的灵敏度很高,动态范围很大、增益稳定等以保证脉冲多普勒雷达系统的高性能。

接收机由以下五部分组成:

1)频率源

2)接收主通道包括模拟前端、主波(Burst)相参信号通道和数字中频接收机(WRSP 信号处理)

3)射频测试通道

4)接收机接口和数字中频接收机 WRSP

5)电源部分

它们之间的关系如图 1.6 所示。

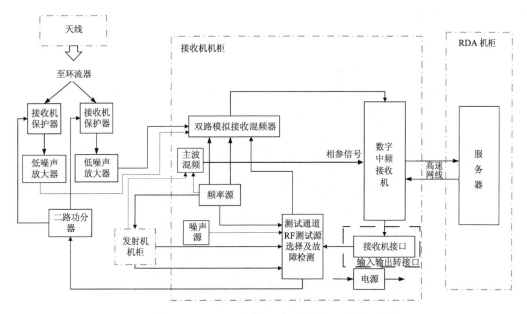

图 1.6 CINRAD/CB 雷达接收机组成图

CINRAD/CB 雷达接收机信号流程图如图 1.7 所示。

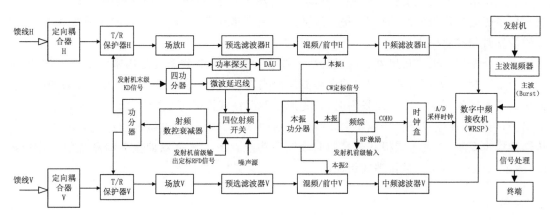

图 1.7 CINRAD/CB 雷达接收机信号流程图

1.3.3　伺服分系统工作原理

伺服分系统基本原理是控制计算机接收来自雷达状态,并转换为所需的位置/速度值,并与采集的天线当前的状态数据(位置、速度)一起,经过处理后,通过伺服数字控制单元控制功率放大装置,再由功率放大装置去驱动交流伺服电机驱动天线运转。伺服数字控制单元同时将天线的位置、速度数据以及伺服故障检测、九种天线状态连锁数据(天线仰角两个预限位、天线仰角两个终限位、仰角手轮正常/啮合、俯仰锁定装置、方位手轮正常/啮合、方位锁定、天线座联锁)BIT 数据通过串口传输给 RDASC 计算机。

伺服系统采用基于 CAN 总线的分布式系统,包括控制分机和功放分机以及冗余切换分机。各功能单元之间以 CAN 总线相连。伺服分系统分别安装在机柜和天线座内。伺服系统主要由控制分机、功放分机、驱动电机、速度反馈(方位、俯仰旋变)、同步轮系、减速装置等组成,伺服系统信号流程如图 1.8 所示。

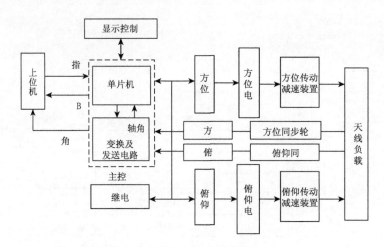

图 1.8　伺服系统信号流程

1.3.4　天馈分系统工作原理

天线在水平方向上能够 360°连续转动,垂直方向上能够在 0°~+90°范围内转动。双线偏振天伺系统通过对天线座的控制,将天线准确定位到指定角度,然后通过馈线系统和天线,将电磁波发射和接收回来。

天馈分系统由天线反射器、天线波导、天线座组成。天馈分系统是用来收发电磁波的,天线正常工作时,一方面将馈源发出的电磁波反射出去,另一方面将通过大气反射回来的电磁波聚焦到馈源接收下来。电磁波发射时,首先通过两路馈线波导分别传输到馈源,再通过天线发射出去;接收时通过双极化馈源把天线收到反射回来的两路极化电磁波通过各自的馈线分别传输到接收系统,实现了双极化信号同时收发的功能。图 1.9 是双偏振天馈系统的工作原理图,图 1.10 是天线座双偏振馈线组成图。

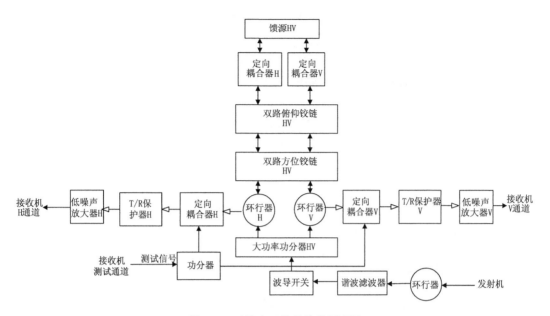

图 1.9 天线座双偏振馈线原理图

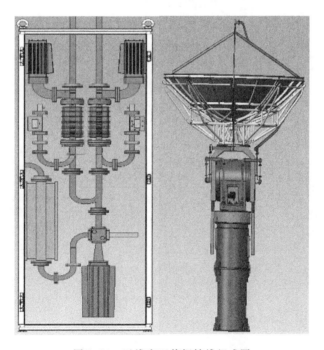

图 1.10 天线座双偏振馈线组成图

1.3.5 监控分系统工作原理

监控分系统(DAU)包括维护面板,DAU 数据采集的模拟板和数字板,它接收来自 RDA 的状态和故障开关量、雷达发射机的 BITE 状态码以及状态信号、RDA 周围的温度传感器信号、电源信号等。这些模拟数据经 DAU 模拟板 A/D 变换后生成数据编码。

DAU 数字板把这些离散信号多路复用到一起、把它们与 A/D 数据码和发射机 BITE 码组合，并将结果数字码按串行方式经接收机输入输出接口的串口传送给 RDA 服务器。DAU 接收来自 RDASC 的命令和控制数据，这个数据用于控制 DAU 的工作，并产生离散信号，用来控制雷达发射机、伺服、波导开关、RDA 维护面板上的状态灯、音频告警以及雷达供电电源自动转换开关。

　　DAU 负责雷达系统的状态监测和控制，它可以监测来自发射机、铁塔/供电系统、接收机及直流电源的 112 个数字信号和 48 个模拟信号。同时可以发送五种控制命令，包括发射机开高压命令、波导开关转换命令、底座操作命令、市电供电命令、发电机供电命令。

　　发射机的状态监控和 BIT 信息、伺服直流电源采集信息都是直接通过串口传到 DAU，DAU 发到发射机地址码及发到伺服的使能（加电）命令信号通过串口分别传到发射机主控板和伺服主控分机。

　　DAU 模拟板信号流程如图 1.11 所示。

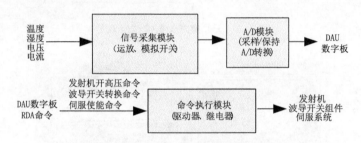

图 1.11　DAU 模拟板信号流程图

　　DAU 数字板信号流程如图 1.12 所示。

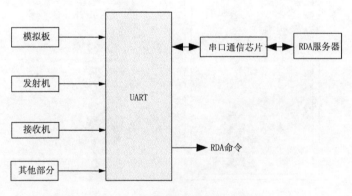

图 1.12　DAU 数字板信号流程图

1.4　新一代天气雷达（CINRAD/CB）系统信号流程

　　新一代天气雷达总体信号流程如图 1.13 所示。

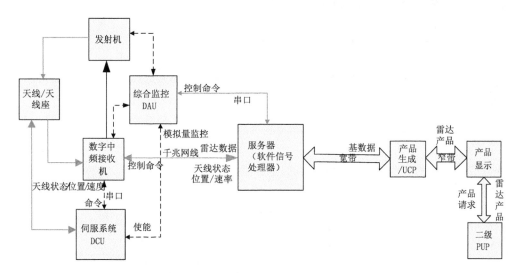

图 1.13 新一代天气雷达总体信号流程图

质量整改后新一代天气雷达接收机(预留双偏振接口)原理框图如图 1.14 所示。

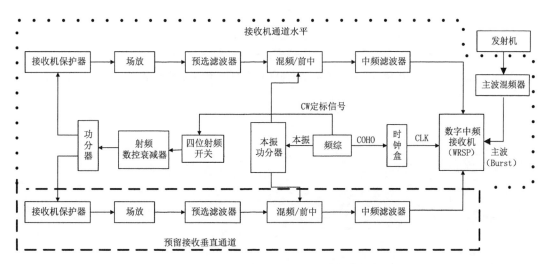

图 1.14 质量整改后接收机(预留双偏振接口)原理图

新一代天气雷达(CINRAD/CB)主信号流程(数字中频接收系统)如图1.15所示。

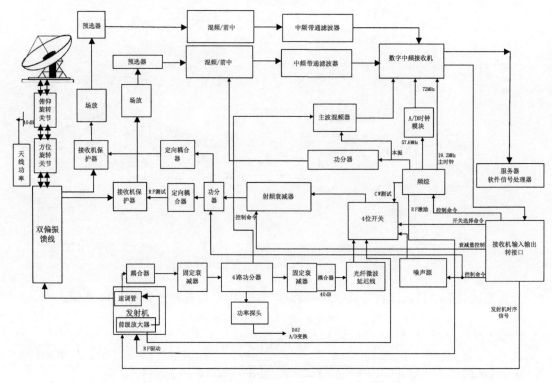

图 1.15　新一代天气雷达(CINRAD/CB)主信号流程

2 新一代天气雷达(CINRAD/CB)设备基本清单

CINRAD/CB 新一代天气雷达备件清单见表 2.1。

表 2.1 CINRAD/CB 新一代天气雷达备件清单

序号	分机	组件	图号	高层代码
1	发射机	触发器/调制器	ALC2.871.000MX	2.1
2	发射机	速调管油箱	ALC2.980.000MX	2.11
3	发射机	充电校平分机	ALC2.933.002MX	2.09
4	发射机	高压充电分机	ALC2.933.000MX	2.08
5	发射机	速调管	KC4149(5330)	2.VE1
6	发射机	速调管	KC4149(5340)	2.VE1
7	发射机	速调管	KC4149(5400)	2.VE1
8	发射机	速调管	KC4149(5420)	2.VE1
9	发射机	速调管	KC4149(5430)	2.VE1
10	发射机	速调管	KC4149(5620)	2.VE1
11	发射机	控制保护板	ALC3.624.014MX	2.01.A1
12	发射机	前级放大器分机	ALC2.807.024MX	2.13
13	发射机	整流滤波分机	ALC2.939.000MX	2.06
14	发射机	高压充电驱动板	ALC2.809.000MX	2.08.1
15	发射机	高压充电控制板	ALC2.849.000MX	2.08.2
16	发射机	灯丝钛泵电源分机	ALC2.933.001MX	2.07
17	发射机	灯丝电源控制板	AL2.936.064MX	2.07.2
18	发射机	控制面板	ALC3.624.016MX	2.02
19	发射机	高压充电吸收板	ALC2.903.000MX	2.08.3
20	发射机	钛泵电源板	AL2.930.361MX	2.07.1
21	发射机	显示屏	FLXS-C10-01	
22	发射机	操作控制板	ALC3.624.008MX	2.02A1
23	发射机	油箱接口组件	ALC6.100.022MX	2.11A1
24	发射机	触发保护板	ALC2.863.036MX	2.10.1
25	发射机	触发均压板	ALC2.871.195MX	2.10.2
26	发射机	低压电源分机	ALC3.624.023MX	2.04
27	发射机	控制转接板	ALC2.908.008MX	2.03
28	发射机	触发保护板	ALC2.863.036MX	2.10.1

续表

序号	分机	组件	图号	高层代码
29	发射机	触发均压板	ALC2.871.195MX	2.10.2
30	发射机	整流电路	ALC2.939.001MX	2.06.A1
31	发射机	取样测量板	ALC2.900.589MX	2.10.3
32	发射机	油箱接口板	ALC2.900.054MX	3.11.A1.A1
33	发射机	取样测量板	ALC2.900.589MX	2.10.3
34	发射机	配电控制分机	ALC2.901.001MX	2.05
35	发射机	配电控制板	ALC2.901.000	2.05.A1
36	发射机	高频保护分机	ALC2.900.052	2.12
37	发射机	高频保护板	ALC2.900.051	2.12.A1
38	发射机	钛泵电源印制板	AL2.930.361MX	2.07.A1
39	发射机	整流电路	ALC2.939.001MX	2.06.A1
40	发射机	风机	W2E208-BA20-01	2.52
41	发射机	风机	G3G200-AL29-71	2.53
42	发射机	IGBT 模块	APTGF1560DH20G	
43	监控	DAU 底板组合	HL6.150.2401	8.13
44	接收机	可变频频综器	ALC2.827.014MX	3.A10
45	接收机	基准源移相组件	CXPHDAF-0.0576	3A10A1
46	接收机	基准跳频源组件	CSFDAPF-001	3A10A4
47	接收机	激励上变频功放组件	CXFPDAM-053057	3A10A2
48	接收机	本振上变频功放组件	CXSWFMA-05260566	3A10A3
49	接收机	光纤延时线	ST-OTDS-T5US	3A5
50	接收机	CB 控制显示盒	CXXK-001	3A10A5
51	接收机	接收机接口	HL2.319.001	3A11
52	接收机	噪声源	30109(C 波段噪声源)	3A6
53	接收机	中频滤波器	LJDT-38/14M	3A12
54	接收机	低噪声场放	30106	3A1
55	接收机	混频前放	CXDMFA-05410545	3A16
56	接收机	BUST 混频组件	CXCMA-5.5	3A9
57	接收机	四位开关	CXASW-5.6	3A3
58	接收机	7 位 RF 数控衰减器	CXAT7-E4	3A4
59	接收机	功率监视器(功率计探头)	HTPM-C-11	3A8
60	接收机	接收机直流电源	4NIC-X276.8	3PS1
61	馈线	免维护金属丝汇流环	HT243-40	6.7
62	馈线	骨架	AL4.103.839MX	1.1
63	馈线	反射面	AL4.123.438MX	1.4
64	馈线	谐波滤波器	AL2.834.023MX	1.2.1

续表

序号	分机	组件	图号	高层代码
65	馈线	双定向耦合器	AL2.969.370MX	1.2.23
66	馈线	波导开关	SMC-1327	1.2.29
67	馈线	旋转关节	AL2.966.164MX	2.1.23
68	馈线	旋转关节	AL2.966.165MX	2.1.24
69	馈线	空气干燥机	LR-40(B)	1.2.30
70	馈线	馈源	AL2.946.183MX	1.1.1
71	馈线	圆波导正交模耦合器	AL2.969.352MX	1.1.26
72	馈线	定向耦合器	AL2.969.369MX	1.2.22
73	馈线	环流器	AL2.970.061MX	1.2.24
74	馈线	负荷器	AL2.978.059MX	1.2.25
75	馈线	高功率负荷器	AL2.978.060MX	1.2.26
76	馈线	片桁架	AL4.103.838MX	1.2
77	馈线	中央圆环	AL4.133.914MX	1.3
78	馈线	TR 管	VE4054Q	1.3
79	馈线	90°E 弯波导	AL2.960.1416MX	1.1.2
80	馈线	90°H 弯波导	AL2.960.1417MX	1.1.3
81	馈线	90°E 弯波导	AL2.960.2289MX	1.1.4
82	馈线	90°H 弯波导	AL2.960.2290MX	1.1.5
83	馈线	90°E 弯波导	AL2.960.2292MX	1.1.6
84	馈线	长波导	AL2.960.2294MX	1.1.7
85	馈线	波导	AL2.960.2297MX	1.1.8
86	馈线	波导	AL2.960.2298MX	1.1.9
87	馈线	直波导	AL2.960.2301MX	1.1.10
88	馈线	直波导	AL2.960.2302MX	1.1.11
89	馈线	直波导	AL2.960.2305MX	1.1.12
90	馈线	直波导	AL2.960.2354MX	1.1.13
91	馈线	直波导	AL2.960.2355MX	1.1.14
92	馈线	直波导	AL2.960.2356MX	1.1.15
93	馈线	直波导	AL2.960.2357MX	1.1.16
94	馈线	直波导	AL2.960.2358MX	1.1.17
95	馈线	直波导	AL2.960.2359MX	1.1.18
96	馈线	直波导	AL2.960.2360MX	1.1.19
97	馈线	直波导	AL2.960.2361MX	1.1.20
98	馈线	直波导	AL2.960.2363MX	1.1.21
99	馈线	波导变换	AL2.967.173MX	1.1.25
100	馈线	中功率负载	AL2.887.023MX	1.2.2

续表

序号	分机	组件	图号	高层代码
101	馈线	90°E 弯波导	AL2.960.1414MX	1.2.3
102	馈线	90°H 弯波导	AL2.960.1415MX	1.2.4
103	馈线	90°E 弯波导	AL2.960.1416MX	1.2.5
104	馈线	90°H 弯波导	AL2.960.1417MX	1.2.6
105	馈线	充气弯波导	AL2.960.2169MX	1.2.7
106	馈线	90°H 弯波导	AL2.960.2364MX	1.2.8
107	馈线	90°H 弯波导	AL2.960.2365MX	1.2.9
108	馈线	90°H 弯波导	AL2.960.2368MX	1.2.10
109	馈线	90°E 弯波导	AL2.960.2369MX	1.2.11
110	馈线	90°E 弯波导	AL2.960.2370MX	1.2.12
111	馈线	90°E 弯波导	AL2.960.2372MX	1.2.13
112	馈线	直波导	AL2.960.2373MX	1.2.14
113	馈线	直波导	AL2.960.2374MX	1.2.15
114	馈线	直波导	AL2.960.2375MX	1.2.16
115	馈线	直波导	AL2.960.2376MX	1.2.17
116	馈线	U 形弯波导	AL2.960.2772MX	1.2.18
117	馈线	变换波导	AL2.967.171MX	1.2.21
118	馈线	软波导	BRB48	1.2.27
119	馈线	方位减速箱	GFL05-2NVCK-1C	6.1
120	馈线	方位电机	MCA13141-RSOB0-N14N	6.2
121	馈线	方位同步轮系	AL4.255.347MX	6.3
122	馈线	俯仰减速箱	GFL05-2NVCK-1C	6.4
123	馈线	同步轮系	AL4.255.348MX	6.6
124	馈线	圆波导密封窗	AL2.962.010MX	1.1.22
125	馈线	密封窗	AL2.962.058MX	1.2.19
126	馈线	同轴变波导	AL2.967.118MX	1.2.20
127	馈线	同轴固定衰减器	TS2-10dB	1.4
128	馈线	同轴匹配负载	N-50JR	1.5
129	配电	处理单元	BMXP342020	7.01.A1
130	配电	电源模块	BMXCPS2000	7.01.V1
131	配电	电源模块	ABL8REM24050	7.01.V2
132	配电	选择开关	XB2BD25C	7.01.SA1
133	配电	带灯按钮	XB2BW33B1C	7.01.SB1-SB8
134	配电	转换器	USB-ADP-AF/AF	7.01.SX5
135	配电	I/O 模块	BMXDDI1602	7.01.A2
136	配电	端子块	BMXFTB2010	7.01.A3

续表

序号	分机	组件	图号	高层代码
137	配电	浪涌保护器	VC20/3PN	7.02.F1
138	配电	T型三通	VW3A8306TF03	7.02.XP1-XP9
139	配电	电流互感器	TI50/5A	7.02.T1-T3
140	配电	电力监控器	WB5110-D	7.02.P1
141	配电	温湿度仪	WB43CY36-02	7.02.P2-P3
142	配电	安规脱扣器	T08/60/4P	7.02.Q1
143	配电	漏电开关	ID634P30MAAC	7.02.Q12
144	配电	动力底座	LUB32	
145	配电	功能模块	LULC033	
146	配电	控制单元	LUCB32BL	
147	配电	控制单元	LUCC18BL	
148	配电	控制单元	LUCB18BL	
149	伺服	伺服控制分机	ALC.503.093MX	5.02
150	伺服	伺服功放分机	AL2.503.094MX	5.01
151	伺服	通用控制保护板	AL2.503.590MX	5.02.A1
152	伺服	显示控制盒	AL2.503.390MX	5.02.A2
153	伺服	伺服电源	AL2.624.682MX	5.02.A3
154	伺服	伦茨伺服控制器	E94ASHE0134A33A-NNNN-S0244N	5.01.U1-U2
155	伺服	俯仰电机	MCA13141-RSOP1-N19N	6.5
156	伺服	伺服主控板	AL2.932.2593MX	5.02.G1
157	伺服	空气开关	C65N4PC20A	5.1.Q1
158	伺服	交流接触器	LC1-D2510M5C	5.1.K1
159	伺服	制动单元	EMB9351-E	5.1.U3
160	伺服	滤波器	EZN3A0500H007	5.1.Z1/5.1.Z2
161	伺服	DC/DC变化器	VRA2415D-10W	5.2.G2
162	伺服	RDC模块	14XSZ2422-S02-D	5.2.D1/5.2.D2
163	伺服	串口转换器	4485C	5.2.A4
164	伺服	空气开关	C65N1PC10A	5.2.Q1
165	伺服	指示灯	XB2-BVM4C	5.2.HL1
166	伺服	按钮开关	ABW111EGP	5.2.SB1
167	伺服	旋转开关	AVW302ERP	5.2.SB2
168	伺服	旋转开关	ASW2K22	5.2.SB3
169	伺服	旋转变压器	J36XFW4121	6.6.1/6.3.1
170	伺服	限位开关	DX4-7311	6.8
171	信号处理	WRSP信号处理	HL2.089.002	3A2
172	信号处理	5PS1电源	HL2.932.006-4	8.1
173	信号处理	RDASC计算机	DELLT5820	8.16
174	信号处理	RPG计算机	DELLT5821	8.17
175	信号处理	PUP计算机	DELLT5822	8.18

3　新一代天气雷达(CINRAD/CB)系统主要技术参数

3.1　新一代天气雷达(CINRAD/CB)系统总体性能要求

3.1.1　雷达环境要求

雷达环境要求见表 3.1。

表 3.1　新一代天气雷达(CINRAD/CB)环境要求

项目	性能指标
1. 非工作环境	
a 室内设备	
温度	$-35\sim+60℃$
湿度	$15\%\sim100\%$
b 室外设备(天线罩、塔等)	
温度	$-50\sim+60℃$
湿度	$15\%\sim100\%$
降雨	在风速为 33m/s 情况下 1 小时平均雨量为 130mm/h(瞬时雨量 400mm/h)。在最大风速为 26m/s 情况下,12 小时平均雨量为 30mm/h。在最大风速为 21m/s 情况下,24 小时平均雨量为 18mm/h
2. 工作环境	
海拔高度	雷达现场:3300m 用户现场:2100m
霉菌	符合 MIL-STD-454 标准之第 4 条要求。
盐雾	充满盐雾的大气
风	RDA 方位和俯仰指向精度:25m/s 稳态风:$\pm1/3°$;0m/s 稳态风:$\pm1°$
室内设备	
温度	$+10\sim+35℃$
湿度	$20\%\sim80\%$
室外设备	
温度	$-40\sim+50℃$
湿度	$15\%\sim100\%$
降雨	最大风速为 18m/s 情况下降雨量为 300mm/h。
尘埃	在微粒直径为 150 微米、风速为 18m/s 情况下,微粒浓度为 0.177 克/米³
风、雪和冰载荷能力	60m/s 最大,235kg/m²
冰雪和载荷	天线罩和塔承受雪和冰的能力为 235kg/m² 而不会出现物理损坏
尘埃	粒径为 $150\mu m$、风速为 18m/s 情况下尘埃浓度为 0.177 克/英尺³

3.1.2 雷达用电量

雷达最大用电量见表3.2。

表3.2 新一代天气雷达(CINRAD/CB)最大用电量

设备	电压(V)	相数	消耗功率/电流(kW/A)	注
发射机	380	3	13/20	XS2
接收机	220	1	1.5/7	XS4
伺服系统	380	3	8/13	XS3
RDA	220	1	1.5/7	XS8
RPG	220	1	0.5	
PUP	220	1	0.8	
波导充气单元	220	1	0.5/2.5	XS9
RDA 服务器	220	1	0.5/2.3	XS13
天线罩通风	380	3	1.5/2.5	XS7
航警灯/照明	220	1	1/4.5	XS14

3.1.3 RDA 性能

新一代天气雷达(CINRAD/CB)RDA 主要性能指标见表3.3。

表3.3 新一代天气雷达(CINRAD/CB)RDA 主要性能指标

项目	系统指标
雷达作用距离	反射率:1～400km;平均径向速度和频谱宽度:1～200km
强降水监测识别范围	≥400km
降水定量估测范围	≥200km
速度监测距离	≥200km
盲区	≤500m
高度距离	≥24km
最小可测回波强度	在 50km 处,可探测最小回波强度不大于－3.5dBZ
方位扫描范围	0～360°
仰角扫描范围	－2～＋90°
距离分辨率	≤150m(200km 范围;窄脉冲)
精度	50m
强度范围	－35～＋75dBZ
分辨率	0.5dB
精度	1dB
速度范围	±36m/s
分辨率	0.5m/s
精度	1m/s

续表

项目	系统指标
谱宽范围	0~16m/s
分辨率	0.5m/s
精度	1m/s
地物杂波抑制	≥52dB
系统相位噪声	≤0.15°
系统动态范围	≥95dB
整机 MTBF	≥1500h
MTTR	≤0.5h
可用性	0.96
电源	3 相 5 线制 380V,±10%电压,±3%频率
环境:室外	温度:-40~+49℃,湿度:15%~100%
室内(机房)	温度:10~+35℃,湿度:20%~80%
功耗	≤50kW
1. 天线罩	
直径	≥7.2m;采用随机分块的刚性截球状形式,具有良好的耐腐蚀性和较高的机械强度, 并进行疏水涂层处理。天线罩与天线口径比不小于 1.3
损耗	≤0.3dB 双程
抗风能力	工作 55m/s 阵风 60m/s(无永久性破坏) 抗冰雪载荷能力不小于 220kg/m²
波束偏转	≤0.03°
波束展宽	≤0.03°
交叉极化隔离度	天线罩引入交叉极化隔离度不大于 1dB
2. 天控(伺服)	
模式选择	人工干预、全自动、本地手动
扫描方式	RHI、PPI、体扫
方位转动	0~360°,0~36°/s,误差不大于 5%
仰角转动	-2°~+30°,0°~12°/s,误差不大于 5%
方位和俯仰扫描最大加速度	不小于 12°/s²
运动响应	俯仰角变化 2°(误差±0.1°),所需时间不大于 1.5s
天线定位精度	±0.1°(方位、仰角)
天线控制精度	±0.1°(方位、仰角)
天线控制字长	≥14 位
角码数据字长	≥14 位
3. 发射机	
发射频率范围	5.3~5.7GHz

项目	系统指标
峰值输出功率	≥0.25MW
功率波动	不大于 0.2dB
脉冲宽度	$1\pm0.10\mu S$、$2\pm0.20\mu S$
距离库长	150m
脉冲重复频率(PRF)	宽脉冲:300～450;窄脉冲:300～1300,具有 3:2、4:3 和 5:4 三种双重复功能
波形	监测、多普勒、批式
速调管寿命	≥10000h
频谱特性	占用带宽 OBW 不大于 8MHz
输出极限改善因子	不小于 55dB
4. 天线/天线座	
天线形式	C 波段中心馈电旋转抛物面天线
天线尺寸	4.4m,外径
波束宽度	≤1°针状波束
极化形式	线性水平极化;线性垂直极化
增益	≥43dB
第一旁瓣和±2°旁瓣	≤−29dB
±10°旁瓣	≤−38dB
远旁瓣(±10°以外)	≤−42dB
交叉极化隔离度	不小于 35dB
双极化正交度	(90±0.03)°
天线座形式	方位/俯仰型
方位转动范围	360°连续
方位转动速度(最大)	±36°/S(6RPM)
俯仰转动范围	工作:−1°～+45°;测试:−1°～+60°;正常工作:−1°～+20°,每转按预选的一个步长递增(定的俯仰角位置取决于体扫模式)
馈线损耗	发射支路:≤2.5dB;接收支路:≤2.5dB
电压驻波比	不大于 1.5:1
扫描方式	PPI、RHI、体积扫描、扇扫、任意指向
5. 接收机(多通道数字中频接收机)	
接收机工作频段	5.3～5.7GHz
接收机中频采样速率	72MHz
同步时钟	19.2MHz(由相干基准晶振产生)
射频测试信号源	脉冲/连续波在接收机动态范围内以 1dB 的增量变化,脉间可编程相位调制
接收机通道形式	线性输出
动态范围	≥95dB
接收机噪声系数	≤3dB,机内外差异不大于 0.2dB

续表

项目	系统指标
信号处理器形式	软件
杂波图/滤波器	软件
杂波对消/抑制	≥52dB
接收机类型	数字中频多通道接收机(16 位 A/D)
频综短稳	≤10^{-11}(1ms)
频综输出射频信号相噪	≤−132dBc/Hz(离主谱 10kHz)
接收系统灵敏度	−108dBm(窄脉冲);−111dBm(宽脉冲)
接收机带宽	窄脉冲:(1.00±0.10)MHz;宽脉冲:(0.50±0.10)MHz
强度、速度距离分辨率	库长 150m,300m,600m
6. 信号处理器	
处理器	服务器
大容量存储器	≥1000GB
数据输出率	不低于脉冲宽度和接收机带宽匹配值
处理模式	通用服务器软件化设计
数据控制和质控	采用相位编码或其他过滤和恢复能力相当的方法退距离模糊;采用脉冲分组双 PRF 方法或其他方法退距离模糊,采用脉冲分组双 PRF 方法时,每个脉组的采样空间不大于 1/2 天线波束宽度;采样先动态识别再进行自适应频域滤波方法进行杂波滤波;采用多阶相关算法计算相关系数;可配置信号强度、SQI、CSR 等质控门限
7. 接口	
宽带	千兆网卡
RS-232	波特率 19.2kB/s
8. RDA 监控	
	实时显示 实时监控 BITE 信号; 实时性能指标监视:反射率、速度、谱宽、地物抑制、相噪、脉宽; 实时雷达运行环境监测; 远程遥控; 实时系统标校
9. 电磁兼容	
电磁兼容	雷达有足够抗干扰能力,不受其他电磁干扰而影响工作;雷达与大地连接要求安全可靠,应用设备地线、动力电网地线、避雷地线、避雷针与雷达公共接地线不允许公共同一接地网;屏蔽体应将被干扰物或干扰物包围封闭,屏蔽体与接地端子间电阻小于 0.1Ω
10. 电源适应性	
电源适应性	采用三线五相制,满足:供电电压 3 相(380±38)V;供电频率:(50±1.5)Hz
11. 互换性	
互换性	同型号雷达的部件、组件和分系统应保证电器功能、性能和接口的统一性,均能在现场替换,并保证雷达正常工作

项目	系统指标
12. 安全性	
安全性	1. 一般安全:不应适应污染环境、损害人体健康和设备性能的材料; 通过安全设计保证人员及雷达安全; 2. 电器安全:电源线之间及与大地之间的绝缘电阻应大于 1M 欧;电压超过 36V 处应有警示标示和防护装置;高压储能电路应有泄放装置;危及人身安全的高压在防护装置被去除或打开后应自动切断;存在微波泄露处应有警示标示;配备紧急断电保护开关;天线罩打开时应自动切断伺服供电; 3. 机械安全:抽屉或机架式组件应配备锁紧装置;机械转动部位及危险的可拆卸装置应有警示标示和防护装置;在架设、拆收、运输、维护、维修时,活动装置应能锁定;天线俯仰超过规定范围,应有切断电源和防碰撞安全保护装置;天线伺服应配备手动安全开关;室内与天线罩之间应有通信设备
13. 噪音	
噪音	发射机和接收机噪音应低于 85dB(A)。

3.2 新一代天气雷达(CINRAD/CB)各分机性能指标

3.2.1 天线罩

射频损失(双程)	≤0.3dB(5500MHz)
引入波束偏差	≤0.03°
引入波束展宽	≤0.03°
直径	≥7.2m
抗风能力(阵风)	60m/s 能工作 80m/s 天线不受损坏

3.2.2 天馈线

反射体直径	4.4m
增益	≥43dB(5500MHz)
波束宽度	≤1.0°
第一旁瓣电平	≤-29dB
远端付瓣(10°以)	≤-42dB
极化方式	线性水平
馈线损耗	≤1.5dB

3.2.3　天线伺服装置

天线扫描方式	PPI、RHI、体扫、任意指向
天线扫描范围、速度	PPI　0~360°连续扫描,速度为0~360°/s可调
	RHI　-2~30°往返扫描,速度为0~12°/s可调
	体积扫描　由一组PPI扫描构成,最多可到30个PPI,仰角可预置
天线控制方式	a. 预置全自动
	b. 人工干预自动
	c. 本地手动控制
天线定位精度	方位、仰角均应≤0.2°
天线控制精度	方位、仰角均应≤0.1°
天线控制字长	≥14位
角码数据字长	≥14位

3.2.4　发射机

1)发射机总体技术要求

类型	主振放大式发射机,前级采用固态放大器,末级放大器采用单注永磁速调管,调制器为全固态调制器
工作频率	$f_0=5300~5700\text{MHz}$
1dB带宽	±15MHz
输出峰值功率	≥250kW
脉冲波形	窄脉冲 $1.0\pm0.10\mu s$,300Hz-1300Hz
	宽脉冲 $2.0\pm0.20\mu s$,300Hz-450Hz
	脉冲前沿:≤$0.2\mu s$;≥$0.12\mu s$
	脉冲后沿:≤$0.2\mu s$;≥$0.12\mu s$
	顶部起伏:<5%
参差重复频率比	4/5、3/4、2/3
发射频谱/相位噪声	极限改善因子≥-52dBc
电源	380VAC,三相五线,须设置电源EMI滤波
激励输入	$10\text{mW},8\mu s,50\Omega$
MTBF	>2000h
高压连续运行时间	≥72h
速调管寿命	≥10000h
BIT功能	设计完善的BIT,可将故障隔离到功能模块,故障发现率大于90%,并且将故障信息发送给雷达控制软件
环境条件	设备工作温度:-25~70℃,湿度:可达100%
	室外设备工作温度:0~35℃,湿度:可达95%
	存储温度:-40~70℃
	海拔高度:3000m以下正常工作

2)速调管技术指标

工作频率	$f_0 = 5300 \sim 5700MHz$
输入射频峰值功率	$\leqslant 10W$
输出射频峰值功率	$\geqslant 250kW$
饱和增益	$\geqslant 45dB$
阴极电压	约$-42kV$
阴极电流	约15A
灯丝电压	约11V
灯丝电流	约7A
最大射频占空比	1.3‰
最大射频脉宽	$2\mu s$
最大视频占空比	5‰
效率	$\geqslant 30\%$
使用寿命	$\geqslant 10000h$
连续工作时间	72h
聚焦方式	永磁聚焦
冷却方式	收集级风冷,电子枪油冷,管体风冷

3)调制器性能

速调管脉冲电压	约$-42kV$
速调管脉冲电流	约15A
人工线充电电压	3.5kV(宽脉冲)/3.8kV(窄脉冲)
人工线特性阻抗(考虑负失配10%)	4Ω
调制脉冲宽度	窄脉冲$2\mu s$;宽脉冲$4\mu s$
脉冲前沿	$\leqslant 1\mu s$
脉冲后沿	$\leqslant 1\mu s$
调制脉冲顶降	优于1%
调制脉冲顶部波动	优于1%
相邻脉冲间电压稳定度	$\leqslant 2\times 10^{-4}$

4)前级放大器(固态放大器)性能

带宽	$\pm 50MHz$	
输出射频功率	$\geqslant 10W$	
脉冲宽度及脉冲重复频率	窄脉冲:$1.0\mu s$,300Hz～1300Hz	
	宽脉冲:$2.0\mu s$,300Hz～450Hz	
波形要求	脉冲前沿:$< 0.15\mu s$	
	脉冲后沿:$< 0.15\mu s$	
	顶部波动:$< 5\%$	
频谱要求	改善因子:$\leqslant -55dBc$	
	驻波比:$\leqslant 1.3$	

3.2.5　接收机(含数字中频)

频综短期(1ms)频率稳定度	$\leqslant 10^{-11}$
ADC 速率	$\geqslant 48\text{MHz}$
动态范围	$\geqslant 95\text{dB}$
噪声系数	$\leqslant 3\text{dB}$
最小可测灵敏度	$\leqslant -108\text{dBm}$(窄脉冲)
	$\leqslant -111\text{dBm}$(宽脉冲)
相位编码	频综具有相位编码受控功能
接收机输出	I、Q
系统相位噪声	系统相位噪声$\leqslant 0.15°$
接收系统动态范围	接收系统动态范围$\geqslant 95\text{dB}$

4 故障索引列表

故障索引列表见表4.1。

表 4.1 故障索引列表

序号	故障现象	故障原因/部位	故障解决方案	故障级别
1	天线座动态故障报警,天线无法停在其PARK位置	①汇流环接触不良; ②伺服主控分机插座接触不良	清洗汇流环,将伺服主控分机所有电缆重新插拔一次,并清洗后正常重新启动伺服系统或重关开雷达	简单
2	波导湿度报警;波导压力报警	①波导湿度大; ②波导压力不够	①更换充气机湿度监测管; ②调波导空气压缩机气压,使波导气压表指示上升为0.024,波导压力跳不上去则检查波导漏气	简单
3	波导开关报警	①波导开关不受控; ②波导开关不到位	①检查DAU模拟板和底板继电器,更换DAU; ②检查波导开关供电电压,更换波导开关	简单
4	雷达报警,波导湿度压力故障。发射机面板:湿度/压力故障灯亮,空压机故障亮,检查波导压力表指示,均低于正常值	空压机漏气	封堵高压漏气口	简单
5	充气机频繁启动,充气压力充不上去	馈线漏气	馈线漏气时,通常可以先检查馈线系统相对容易出现漏气的器件,如:馈源喇叭罩、充气机出气口处、旋转关节转动部分、十字耦合器负载固定螺钉部分及波导同轴转换器的同轴部分,各法兰盘接口处。找出漏气的具体位置后,小漏气处可以清洗干净直接用硅橡胶粘补,胶干固后再充气;器件出现大的问题时,需与厂家联系修理或更换新器件	简单
6	无系统噪声温度	噪声源故障	更换接收机噪声源	简单
7	伺服控制器可以上电,但无法转动方位或仰角	天线已处于预限位位置	将天线转出预限位位置,再重新给伺服系统加电	简单
8	天线俯仰(方位)角码不变化	①同步轮系故障; ②旋变故障; ③轴角变换故障; ④激磁电源故障。 ⑤汇流环故障(俯仰)	①更换同步轮系; ②更换旋变; ③更换轴角变换板; ④更换激磁电源; ⑤清洗故障汇流环(俯仰)	一般

续表

序号	故障现象	故障原因/部位	故障解决方案	故障级别
9	天线俯仰（方位）运转突快突慢	①俯仰（方位）速度电机故障；②俯仰（方位）伦茨控制器故障	①俯仰（方位）更换伦茨速度电机，检查伦茨旋变信号传输路径插头、插座、接线等；②更换俯仰（方位）伦茨控制器	一般
10	发射机输出无功率，RDA 终端报线性通道射频激励输出信号恶化。同时发射机故障显示面板报前级故障	前级电源组件无输出	检查发射机前级故障显示：发现 12V 电压显示为 0V，打开前级组件面板，通电检查发现前级组件 12V 电源无输出，更换后正常	一般
11	按下控制分机上"开机"按钮，主接触器无法吸合，即无法给伺服控制器上电	①天线已处于限位位置；②天线方位或俯仰贮存销有效	①将天线转出预限位位置，伺服系统断电，三分钟后再重新上电；②将相应的贮存销从贮存位置拔出至工作位置	一般
12	发射机报机柜风流量故障，设备停机，故障能复位，但运行一会儿，又经常报此故障，周而复始	发射机机柜风流量故障	由于发射机采用压力式风流量传感器，检查发射机机柜风机（位于油箱背面）运行正常，机柜风机为发射机整机进行散热，各出风口风量感觉不出有明显风流变小迹象，仔细检查发现机柜风机叶片灰尘滤网堵塞，用毛刷清理后开机运行正常。分析可能由于滤网堵塞造成风压减小，致风压传感器检查处于临界状态，风流量经常误报警	一般
13	发射机高压正常，但无回波，接收机报警 RFD 和 KD 测试信号变坏	发射机高频放大链路故障	详见 5.3 节，发射系统测试操作方法详见附录 D 发射系统	一般
14	发射机控制面板显示可以加高压，但无加高压声和人工线高压，发射机面板无任何报警	高压充电组件内充电开关管无充电脉冲信号	详见 5.2 节，发射系统测试操作方法详见附录 D 发射系统	一般
15	发射机即无法加高压，而面板上监控又无报警，但发射机充电分机面板 IGBT 过流报警灯亮	充电开关组件 IGBT 过流或者高压器件轻微打火干扰导致 IGBT 过流报警	详见 5.2 节，发射系统测试操作方法详见附录 D 发射系统	一般
16	无系统噪声温度，回波正常	接收机噪声源坏	更换噪声源，维修完成后，开展噪声系数测试，具体操作方法详见附录 E.1 噪声系数测量	一般
17	线性通道射频驱动测试信号降低，标定数据中 CW、RFD、KD 值错误，发射机/天线功率比变坏，发射机峰值功率偏低，PUP 产品显示回波强度较正常时强 20dB 左右	频综故障	更换频综后调整适配参数，维修完成后开展发射机峰值功率测试和回波强度定标，操作方法详见附录 D.2 和 F.2	一般
18	雷达待机中不断报线性通道增益常数变坏、线性通道噪声电平变坏、线性通道射频激励测试信号变坏、速度谱宽检查变坏、噪声温度变坏、噪声温度需要维护等报警。开机后产品无杂波点	①频综无本振信号输出；②混频器故障	①打开频综，用小功率计不断测试本振频率形成通道上的信号功率，当检查发现输出功率偏小，更换频综使本振输出信号达到 16.5dBm。功率计使用方法详见附录 B.2；②更换混频器模块	一般

序号	故障现象	故障原因/部位	故障解决方案	故障级别
19	雷达在运行过程中,不断出现 Control SEQ timeout-restart initiated(控制序列超时)报警,RDA 不断重启,雷达无法正常开机	①频综无主时钟信号; ②DAU 串行接收芯片故障	①更换频综后正常; ②更换 DAU 数字板详见 5.6 节	一般
20	发射机无高压输出	①发射机主控板故障; ②高压充电组件故障导致发射机无高压输出	①查高压充电组件中无充电触发信号输入,更换主控板; ②高压充电组件中有充电触发信号输入,更换高压充电组件,详见 5.1 和 5.2 节	一般
21	发射机过流,灯丝电源过流报警	低压状态维修灯丝电源过流故障	灯丝电源控制板驱动信号无死区,更换损坏元件并调整灯丝电源电流门限后正常,详见 5.2 节	一般
22	发射机功率突然下降,伴随包络顶内凹或包络幅度整体下降	射频电缆性能不稳定	更换电缆,维修完成后,进行发射脉冲包络测试和调整,具体操作方法详见附录 D.2 发射脉冲包络测试	一般
23	无回波显示,RDA 计算机报警,噪声温度超限,线性通道定标常数变坏,地杂波抑制变坏等	场放故障	检查更新接收机保护器,更换场放,接收系统测试操作方法详见附录 E 接收系统	一般
24	系统噪声温度逐渐升高,从 200 多上升到 600 左右,系统报噪声温度超限,并且 0.5 及 1.5 仰角的反射率图出现较大杂波,形成"大饼"	低噪声放大器故障	更换低噪声放大器,维修完成后,开展噪声系数测试,具体操作方法详见附录 E.1 噪声系数测量	一般
25	雷达体扫正常,但是无地物和回波;报警发射机功率为零,天线功率为零、KD 报错	发射机前级放大器故障	更换前级放大器	一般
26	雷达产品没有回波,报警信息有:1. 天线功率监测故障;2. 线性通道 RF 测试信号变坏;	频综射频激励信号无输出	更换频综	一般
27	天线出现较强的震动,然后天线停止运转,伺服面板显示天线位置为:方位角 239.76°,仰角 5.66°。同时出现方位啮合手轮、天线座无法停在 PARK 位置等多个报警	方位啮合手轮脱落	加固方位、俯仰电机连轴节,更换方位行程开关	一般
28	天线座动态故障报警,启动 RDASOT 操作平台,天线俯仰系统能被控制,方位不但不能控制;而且出现方位伦茨控制器报警,进入天线罩推动天线做方位转动困难,并伴有震动	方位电机损坏	更换方位电机	一般
29	伺服分机无法加电	①安全开关未接触上; ②天线俯仰在死限位区; ③使能信号不正常	①检查安全开关更换或维修; ②将天线驱离死限位区,更换或维修限位开关; ③检查 DAU(含底板继电器),检查伺服分机使能继电器,检查或更换伦茨控制器	一般

续表

序号	故障现象	故障原因/部位	故障解决方案	故障级别
30	天线俯仰(方位)不转	①俯仰(方位)伦茨控制器红灯报警; ②减速箱故障	①更换或维修俯仰(方位)驱动电机,检查俯仰(方位)伦茨控制器驱动信号输出通道连接插座、插头、汇流环(俯仰),更换俯仰(方位)伦茨控制器; ②更换或维修减速箱	一般
31	发射机显示面板报警钛泵电流故障,电流数值100μA,钛泵电流模拟表打表过量程,发射机停机	①钛泵过流故障; ②速调管故障	检查钛泵电压正常,为3kV(显示面板指示),断开连接速调管钛泵电压的高压连线,发现钛泵电流指示为0μA,怀疑速调管真空度下降,重新连接速调管钛泵高压线,电流仍然为100μA,确认速调管故障,更换速调管后正常	一般
32	天线角码异常	伺服系统故障	详见5.5节,维修完成后,开展天线控制精度检查,具体方法详见附录G.3	疑难
33	低压状态无报警,加高压后出现多项过压、过流等报警发射机	发射机高压打火导致多项发射机报警	详见5.2节	疑难
34	无高频脉冲输出或由于包络波形不正常导致输出功率减小	发射机高频放大链路故障	详见5.2节,维修完成后,进行发射脉冲包络测试,具体操作方法详见附录D.1发射脉冲包络测试	疑难
35	雷达回波面积缩小	接收机主通道故障	详见5.3节,维修完成后,进行回波强度定标检验,操作方法详见附录F.2回波强度定标检验	疑难
36	线性通道增益定标目标常数超限报警,回波强度异常	接收机测试通道故障	详见5.3节	疑难
37	回波强度偏弱且回波面积缩小	天馈系统微波器件损耗偏大	详见5.3节,维修完成后,进行回波强度定标检验,操作方法详见附录F.2回波强度定标检验	疑难
38	充电分机故障	①赋能过流 ②IGBT ③驱动控制板	①充电变压器次级匝间短路或负载短路,检查并调整; ②IGBT损坏,检查/更换IGBT; ③无驱动或驱动故障,检查并更换驱动控制板	疑难
39	配电控制分机中交流接触器J1频繁跳闸	高压供电过载	详见5.1节	疑难
40	高压打火	调制器故障	详见5.2节	疑难
41	无高频脉冲输出或由于包络波形不正常导致输出功率无或功率减小。故障出现时一般会同时伴随发射功率低、发射功率测量设备故障、RF测试信号变坏、KD定标检查信号变坏、线性通道定标常数变坏等报警	发射机高频放大链路故障	详见5.3节	疑难

序号	故障现象	故障原因/部位	故障解决方案	故障级别
42	回波强度正常,但回波面积不正常	接收系统灵敏度不正常,接收机主通道故障	详见5.4节	
43	回波面积正常,但回波强度不正常	接收机测试通道故障	详见5.4节	
44	回波面积和回波强度都不正常	天线馈线系统故障	详见5.4节	
45	天线不动、角码不随位置变化、闪码、天线运转异常	伺服系统故障	详见5.5节	
46	人工线充电过压报警	①人工线电压门限失常 ②取样测量板	①若人工线电压表指示正常,可怀疑触发板上人工线过压保护门限设置失常; ②若发射机其他各项指示均符合常规记录,可怀疑取样测量板故障	疑难
47	人工线充电过流报警	①因人工线充电电压过高而过流SCR开关 ②人工线击穿,或其他原因使其充电高压端 ③短接到地 ④充电过流门限失常	①显示屏指示人工线电压高于4.5kV,检查触发器放电触发脉冲是否正常; ②调制器放电开关故障,更换后,恢复正常; ③调制器放电开关故障,检查调整后正常; ④检查过流门限设置	疑难
48	发射机无高压充电组件无充电声,检查接收机IO转接口无充电定时脉冲输出。	接收机IO转接口无输出	由于接收机I/O转接口无充放电脉冲输出,进一步检查也无放电触发信号,怀疑保护器回路控制信号不正常,测量接收机I/O转接口保护器命令波形正常,保护响应输出无,由于CB雷达是无源保护器,不需要此命令,说明接收机I/O转接口内部转接电路问题导致保护器命令响应输出不正常。检查转接电路,找出断路故障点处理后正常	疑难
49	线性通道射频驱动测试信号降低,标定数据中CW、RFD、KD值错误,发射机/天线功率比变坏,发射机峰值功率仅有137kW	射频链路故障	检查发射机包络、前级放大器输出信号很弱,几乎看不见,测量频综RF激励输出功率都比正常值偏少5dBm,断定频综故障,更换后调整适配参数雷达恢复正常	疑难
50	雷达待机中不断报线性通道增益常数变坏、线性通道噪声电平变坏、线性通道射频激励测试信号变坏、速度谱宽检查变坏、噪声温度变坏、噪声温度需要维护等报警。开机后产品无杂波点	频综故障	详见5.7节	疑难
51	雷达在运行过程中,不断出现Control SEQ timeout-restart initiated(控制序列超时)报警,RDA不断重启,雷达无法正常开机	19.2MHz主时钟信号无输出	详见5.8节	疑难

续表

序号	故障现象	故障原因/部位	故障解决方案	故障级别
52	发射机显示面板报充电故障,同时充电组件面板同时也显示充电故障	发射机充电故障	检查发射机充电组件充电时序,充电触发指示绿灯亮,表明充电时序正常,整流组件从 0V 开始缓慢加高压,发现人工线加到 3000V,调制器至油箱电缆连接处有弧光,断开高压仔细检查,发现油箱充电变压器输出端至调制器高压电缆打火,明显可见此电缆开裂,由于此电缆是高压和低压端在一处,分析可能造成高压端和低压端打火造成。更换此电缆后,重新加高压,发射机恢复正常	疑难

注:故障级别定义及维修职责详见指导意见。

5　故障排除方案

5.1　高压供电电路过载故障

如果是高压供电过载,一般会导致高压供电断路器跳闸,如果高压供电电路打火,一般会导致配电控制分机中交流接触器 J1 频繁跳闸,严重时可能导致 J1 跳闸,当然如果 K2-K6 中的继电器性能不佳,出现触点接触不良,使得 J1 控制电压(交流 220V)不稳定,也会导致 J1 频繁跳闸。

高压供电过载采用分别断开负载法进行故障定位,当断开某一路负载后 J1 可以加电,说明这路负载过载,检查这路负载是否有对地短路现象(滤波电容对地击穿短路等),找出故障点即可。

高压供电电路打火导致 J1 频繁跳闸,首先拆开发射机后板,检查整流组件+510V 输出到高压充电组件接线板有无对地打火痕迹,以及整流内有无打火现象,对出现打火点进行绝缘处理,如果无打火现象,再检查 K2-K6 继电器的触点是否有接触不良,控制电压 24V 是否正常,更换问题继电器,一般都可解决问题。如果出现+510V 过压报警,还要检查整流组件内电容、整流管是否开、短路,性能参数是否下降,更换问题器件即可解决问题。

如果配电控制分机继电器无动作,一般是高压加电控制电路有问题,如果无发射机机柜过温和环流器过温报警,需要检查发射机主控板送来的继电器驱动信号是否正常,如不正常,则检查主控板相关电路。

5.2　调制器器件级故障

高压打火综合故障维修中,调制器打火点定位是难点,首先要排除高压充电组件的 IG-BT、充电变压器、油箱到调制器高压连接电缆故障,断开油箱接口高压连接电缆(切断需要慎之,免得产生 2 次故障),可以升高高压,说明充电变压器正常;断开调制器来自油箱接口高压连接电缆,同样方法可判断高压连接电缆故障;而 IGBT 需要先用万用表测量极间正反向电阻初步判断,再逐渐升高 510V 观测高压充电组件面板充电实际波形确定。

调制器和高压充电组件相关联非常大,常和充电电流、充电电压一起进行判定。

1)先排除调制器打火。重点检查高压电缆(包括调制器外围连接电缆、油箱接口等)、调制器绝缘胶木板、反峰和可控硅组件的安装胶木柱,以及高压线、真空继电器接触是否牢靠。注意检查高压线和零线、机壳线是否靠得太近。

2)检查调制器各元器件的特性。如反峰管的二极管特性、可控硅有无出现短路、开路现象、充电二极管。可控硅两端的均压电阻特性,当出现电阻为 0 时,表明此路可控硅短路。当出现某一可控硅开路时,其可控硅触发波形明显幅度很大,开路的可控硅 GK 两端阻值变得很大或开路,正常阻值为几十欧姆。

3)根据充电电压、充电电流波形进行判断。

如果上述步骤仍发现不了问题,可采用下面方法。

调制器器件级故障维修中必须采用维修状态逐渐把整流组件输出电压从 0V 升至高压打火附近电压,尽量观测打火的声光现象,找出打火点,如果没有声光现象,无法发现打火点,只有采用断开某一路负载(器件),缓慢调整整流组件高压调整电位器,在升压过程观测高压充电组件充电全回授电流波形的变化,找出打火点。如果波形未出现突变异常或无报警,则是断开的高压器件故障,否则是未断开的高压器件故障。

5.3　发射机高频放大链路故障

发射机高频链路包括:前级放大器(固态放大器);可变衰减器、速调管。故障主要表现为无高频脉冲输出或由于包络波形不正常导致输出功率无或功率减小,此时人工线高压正常。故障出现时一般会同时伴随发射功率低、发射功率测量设备故障、RF 测试信号变坏、KD 定标检查信号变坏、线性通道定标常数变坏等报警,故障分析定位方法主要通过功率计或频谱仪、示波器测量各功能模块的输入和输出信号功率及射频包络波形确定,如果关键点参数不正常,还要进一步测量与之相关的电源、整形电路、同步信号及时序等是否正常,最终定位到损坏的可更换单元是射频功放模块或是与之有关的附属电路及同步信号的源头分机。

发射机组件级故障诊断流程见图 5.1。

发射机输出功率低故障树图见图 5.2。

5.4　测试通道和主通道故障

测试通道和主通道故障判断关键点是场放前端 CW 测试信号注入功率是否正常,注入功率正常,一般是接收机主通道有问题(故障),故障现象表现为:动态不正常;噪声电平报警;终端回波显示异常;线性通道定标常数变坏报警等。采用功率计或频谱仪,按照接收机主通道信号流程(场放、预选器、混频/前中等),分级测量各模块输入和输出信号功率,计算出增益,增益异常说明此模块故障,当然也可用噪声系数测试仪测量噪声系数判断故障模块,数字中频一般通过在回波输入端断开连接加上屏蔽帽,测量无回波信号时噪声电平,如果异常说明数字中频(WRSP)故障,也可通过测量接收机前端(场放输入端到模拟中频输出端)的动态范围,如果此时动态范围正常说明数字中频(WRSP)故障,如动态范围不正常,说明接收机前端问题。

场放前端 CW 测试信号注入功率不正常,说明接收机测试通道问题。故障现象表现为:动态不正常;回波强度异常;线性通道定标常数或者线性通道定标检查常数变坏、测试信号变坏报警等。采用功率计或频谱仪,按照接收机测试通道信号流程(光纤延迟线、四位开关、射频衰减器、保护器等),分级测量各模块输入和输出信号功率,计算出损耗值,损耗衰减异常说明此模块故障。通过四位开关注入测试信号,如果 CW 信号不正常,说明频综故障,KD 和 RFD

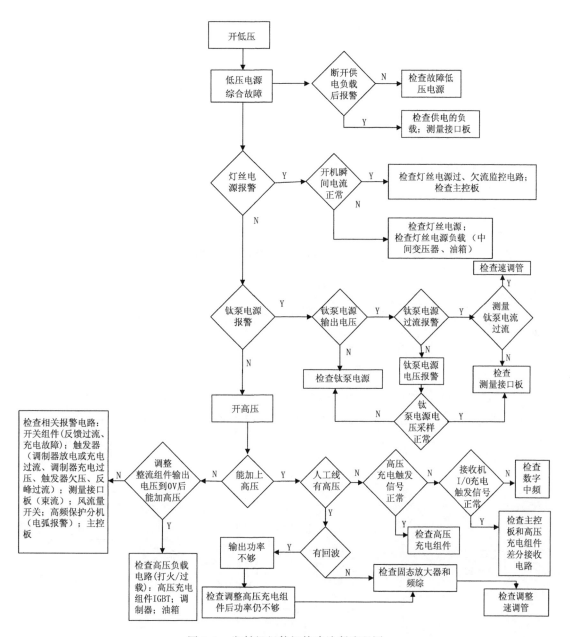

图 5.1　发射机组件级故障诊断流程图

测试信号异常,需要检查发射机放大链和频综,注意四位开关 KD 信号一路还有 20dB 增益放大。

场放前端 CW 测试信号注入功率正常,接收机无任何报警信息,或者只有相关天线功率报警,回波强度变弱,回波面积减少,一般是天馈系统故障,采用功率计或频谱仪联合信号源,按照天馈系统信号流程,分段测量损耗,损耗偏大说明此段微波器件故障。接收机模块级故障诊断流程如图 5.3 所示。

接收机输出功率低故障树图见图 5.4。

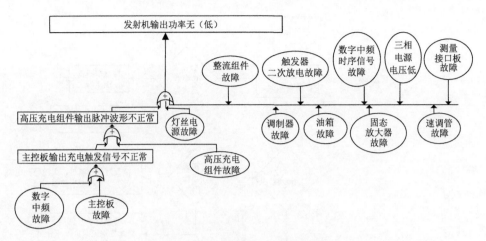

图 5.2　发射机输出功率低故障树图

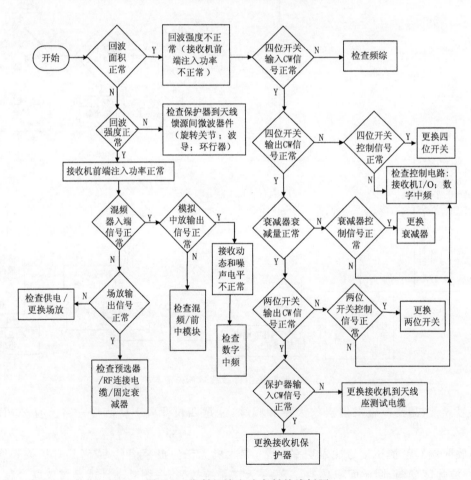

图 5.3　发射机输出功率低故障树图

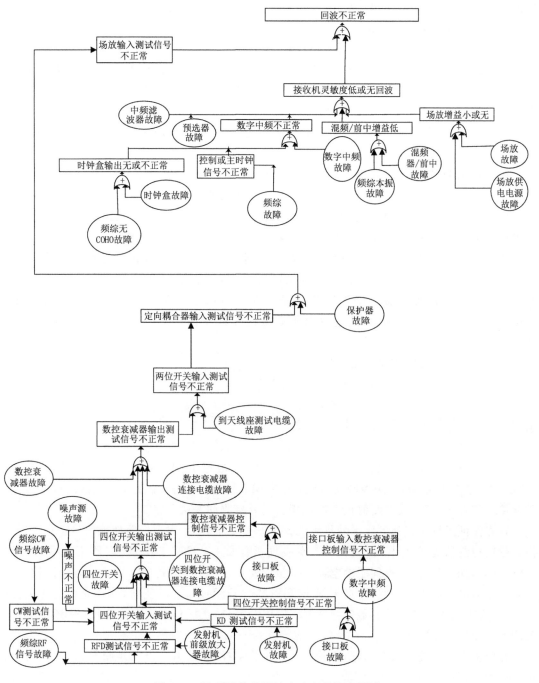

图 5.4 CB雷达接收机输出功率低故障树图

5.5 伺服系统故障

首先 RDASOT 测试平台检查伺服自检是否正常,如果不正常,说明串口传输通道有问题,从接收机 I/O 转接口检查伺服串口 Re 和 Tx 信号,确定故障点。Re 信号不正常但 Tx 信号正常,一般数字中频(WRSP)或 RDA 服务器问题;Re 信号正常但 Tx 信号不正常,一般伺服主控单元单片机串口问题。

在串口信号正常情况下,出现伦茨控制器无法上电导致天线不动,如果报天线 BIT 的俯仰限位、安全开关、手轮啮合等报警,依据信号流程需要检查与天线 BIT 信号传输有关的开关、汇流环(俯仰 BIT 报警),伺服主控单元单片机,数字中频(WRSP);如果无天线 BIT 报警,说明伺服使能信号不正常,在 RDASOT 测试平台 DAU 测试检查 DAU 底板伺服加电继电器是否受控,如不受控则是 DAU 或 RDA 服务器问题;如受控但伦茨控制器扔不上电,则是伺服系统的 28V 电源、控制继电器、伦茨控制器问题。

在串口信号和使能信号正常情况下,出现角码(不随位置变化、闪码等)或速度信号不正常导致天线运转异常,则依据信号流程,检查减速箱、电机、位置旋变、汇流环(仰角不正常)、轴角变换和发送、单片机、伦茨控制器,确定故障部位。一般通过推动天线,看位置旋变和轴角变换信号是否连续变化;角码传输正常情况下,天线不动作,看伦茨控制器是否红灯报警,如报警则检查伦茨控制器、驱动电机、驱动信号传输通路的电缆和相关插座(俯仰链路重点检查汇流环)等,如无报警,则检查驱动电机和减速箱。也可采用互换方位和俯仰伦茨控制器输出确定是伦茨控制器故障还是伦茨控制器负载故障。驱动电机故障和减速箱故障判断,通过脱离驱动电机和减速箱连接,如果电机运转正常,说明减速箱问题,否则是电机问题。

伺服系统故障诊断流程见图 5.5。

伺服系统角码不变化故障诊断流程见图 5.6。

5.6　综合监控系统(DAU)故障

如果发射机本控正常,遥控无法控制开高压,一般是 DAU 模拟板问题;终端报发射机 DAU/发射机接口报警,无法控制发射机,或者 BIT 信息不正常,需要检查 DAU 数字板相关差分接收和发送电路,或者发射机主控板相关差分接收和发送电路。

首先保证天线在正常工作区域且天线安全开关正常合上,出现伺服使能信号不正常,导致伺服伦茨控制器无法上电,检查 DAU 底板伺服使能(天线座工作)继电器不吸合,一般是 DAU 问题,如正常,则检查伺服继电器保护板的使能继电器,如吸合则需要检查伦茨控制器,否则伺服继电器保护板问题;注意天线 BIT 不经过 DAU,如果出现问题,首先检查相关监控开关,再检查伺服主控单元到数字接收机(WRSP)串口,最后检查数字接收机(WRSP)到信号处理服务器网口和网线。

接收机多个监控信息有问题,要检查 DAU 数字板,如果单一点出现报警,需要检查监控源头电源是否有问题。

发射机和天线输出功率出现报警,如果功率探头没问题,则需要检查 DAU 模拟板。故障诊断流程见图 5.7。

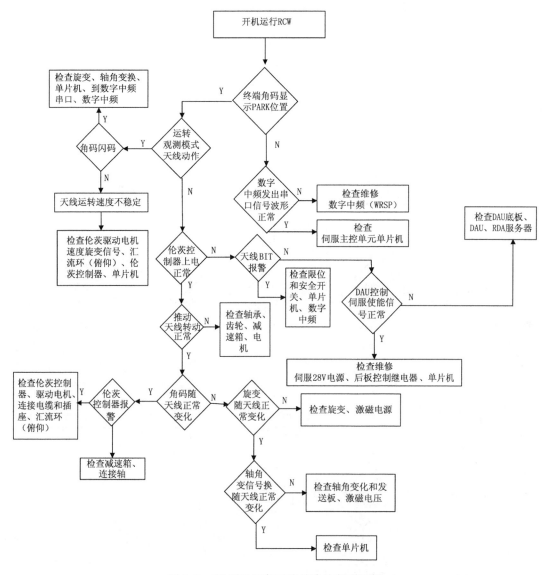

图 5.5　CB雷达天伺系统故障诊断流程图

5.7　频综故障

由于雷达开机后产品无任何回波,故首先检测发射机,用雷达测试平台测试窄脉冲发射机峰值功率为257kW,符合技术指标要求,检查包络正常。说明发射机正常,重点检查接收机。检查接收机性能参数,CW/KD/RFD及系统噪声温度均不正常,结合雷达无回波,分析判断故障主要产生在接收机主通道上,重点检测接收机主通道上的关键器件,如场放、频综、混频等。一般首先测试频综的各路输出信号,如果频综正常,再测试主通道上其他器件。用小功率计测频综输出信号,除本振信号以外均符合技术指标。由于频综没有本振信号输出至混频器,造成接收机不能混频输出中频信号,雷达也就无回波信号,造成接收机主通道出现问题,雷达接收

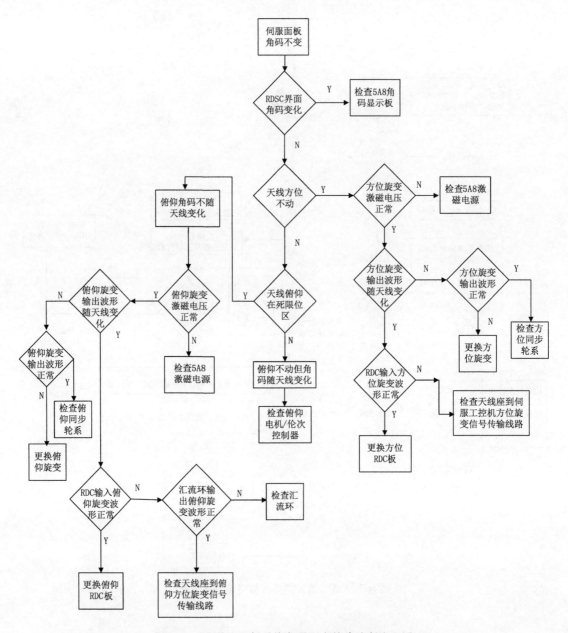

图 5.6　CB雷达天伺系统角码不变故障诊断流程图

机标定参数就都不会正常,确定频综故障。更换频综后雷达恢复正常。

5.8　主时钟信号故障

　　引起雷达控制序列超时的原因很多,有可能是 RDA 服务器通信出现问题,或者无 19.2MHz 主时钟信号等,在很多情况下,一般重启 RDA 服务器和接收机可以得到恢复,但重启雷达后仍无法开机,应该重点测试 19.2MHz 主时钟信号。

　　用示波器对数字中频(WRSP)输入 19.2MHz COLOK,无主时钟信号。故重点查主时钟

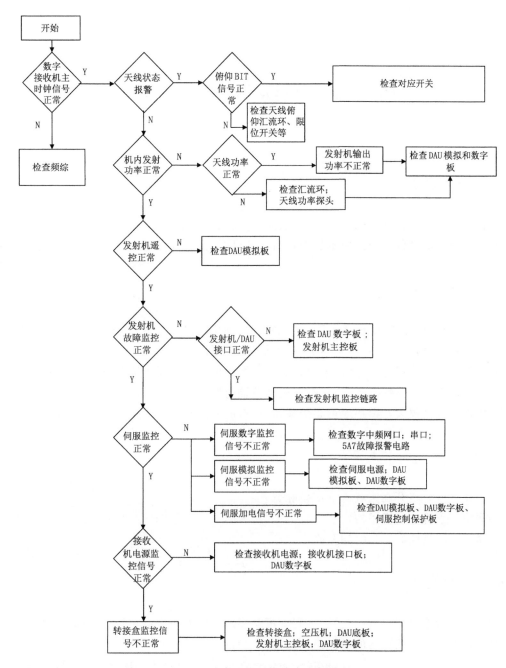

图 5.7　综合监控系统故障诊断流程

信号通道,它由频综输出。

测试频综输出主时钟 19.2MHz 信号,没有此信号,故障出在频综内由 57.6MHz 进行 3 分频得到 19.2MHz 的电路上,重点测试检查频综 6 分频器。

打开频综,测试 3 分频器模块的 57.6MHz 信号输入正常,无 19.2MHz 信号输出,电源供电,正常,判定 3 分频器模块损坏,更换此集成块,雷达正常工作,无报警。

附录 A 参数测量方法概述

A.1 操作须知

1)在天气雷达的检测定标工作中,应以人身安全、设备安全和仪表安全为首要前提。

2)熟练使用测试仪表和掌握雷达操控与参数设置,是天气雷达系统检测定标的必要基础。

A.2 人身安全

1)在天线平台上开展检测定标工作时,必须关闭伺服强电,并将安全开关置于"安全"位置。

2)爬高作业时,必须配备防坠落护具,确保作业人员安全。

3)发射机开高压运行时,为强电、高压区域,严禁拆除和打开防护面板,严禁带电拆装。

4)应采取有效的防护措施,防止发射机微波辐射泄漏对雷达工作人员产生危害。

5)工作中测试仪表与设备应可靠接地,避免造成人员伤害。

A.3 设备安全

1)严禁在发射机开高压状态下切换脉宽。

2)严格按照操作规程操控雷达。

3)避免在测试状态下长时间开高压。

A.4 仪表安全

1)仪表与仪表之间、仪表与设备之间须可靠接地。保护地线不能悬空,不能与电网中的中线相连。仪表与设备间形成的电位差,会对人员和仪表造成损害。

2)确保工作环境温湿度适宜,散热和防尘条件良好,无强磁场干扰、震动及腐蚀物。

3)在使用仪表前,务必仔细查阅和了解仪表的额定输入范围,避免电压、电流或功率超过量程,损毁仪表。

4)功率计、示波器、频谱仪、信号源等精密电子仪器应在充分预热后(一般30分钟)才能开始使用。

5)未经许可严禁拆卸分解仪器仪表。

6)操作仪表控制手柄、旋钮、接线柱要用力得当。

附录 B　仪表使用

B. 1　示波器

以泰克 TDS3032B 为例。

B. 1. 1　匹配阻抗设置

1)示波器操作面板如图 B. 1 所示,按图中圆圈所示的"MENU"按钮;

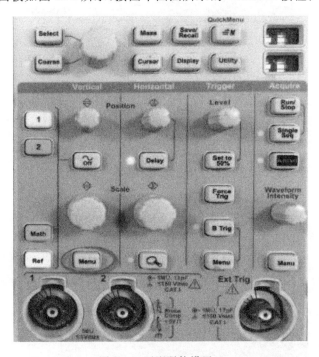

图 B. 1　匹配阻抗设置-1

2)如图 B. 2 所示,通过按图中①号按钮对 50Ω 挡和 1MΩ 匹配阻抗进行切换,同时②号区域 1MΩ 和 50Ω 两个软件按钮的状态随之改变。图中所示状态为选择了 50Ω 匹配阻抗。经检波器输入的信号,选择 50Ω 匹配阻抗,否则选择 1MΩ 匹配阻抗。

B. 1. 2　测量参数选择

在定标过程中需用示波器测量的主要参数有:脉冲宽度、上升沿时间、下降沿时间、脉冲重复频率等。

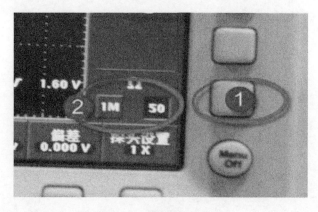

图 B.2　匹配阻抗设置-2

1)按图 B.3 中圆圈所示的"Meas"按钮,液晶显示屏会显示图 B.4 所示画面;

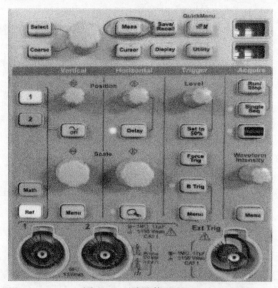

图 B.3　测量值选择-1

2)图 B.4 中②号区域为测试项名称显示,一共有 6 页,可按①号按钮循环翻页;

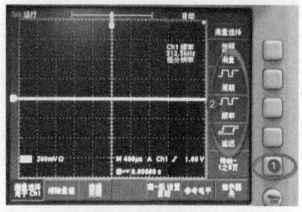

图 B.4　测量值选择-2

3）按图 B.5 中圆圈所示按钮,可选择正脉冲宽度;

4）按图 B.6 中圆圈所示按钮,可以选择上升时间、下降时间;

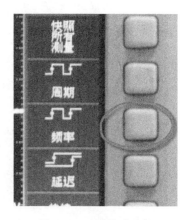

图 B.5　选择脉冲　　　　　图 B.6　选择上升、　　　　图 B.7　选择脉冲重复
　　宽度测量值　　　　　　　下降时间测量值　　　　　　频率测量值

5）按图 B.7 中圆圈所示按钮,可以选择脉冲重复频率。

B.1.3　示波器自检

TDS3032B 数字示波器（或同类示波器）带有自检信号端子,见图 B.8 所示。

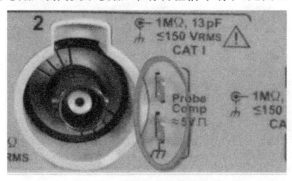

图 B.8　示波器自检信号端子

自检时,探头接入方式见图 B.9 所示,探头地线接③号端子,探头正极接②号端子。

图 B.9　自检信号探头连接

自检信号为 5V、1kHz 方波,如图 B. 10 所示,①号区域表示匹配阻抗设置为 1MΩ,②号区域显示网格线纵坐标每格为 5V,同时图中横坐标时间轴表示每格 400μs,③号区域表示方波信号频率为 1kHz。**注意:自检时,匹配阻抗设置为 1MΩ。**

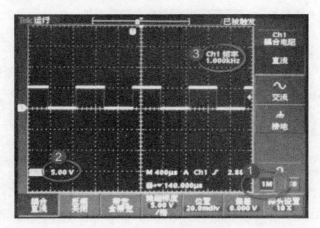

图 B. 10　示波器自检信号

每次使用示波器之前,应测试示波器本身自带的方波测试信号,看其是否正确(幅度为5V,频率为 1kHz 的标准方波代表示波器正常),为保证测试准确,在必要时应予以校正;示波器长时间放置或发现基线位置影响测试准确性的时候,也必须进行自检、校正,步骤如下:

1)首先按下功能键"Utility",如图 B. 11 所示;

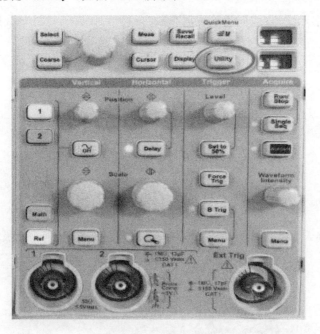

图 B. 11　示波器控制面板

2)在弹出的界面中连续按下左下角的"系统配置"键,如图 B. 12 所示,直到将"校准"选中为止,见图 B. 13 所示;

3)然后按下屏幕右侧的"执行补偿信号路径",如图 B.13 所示,等候大约 6～7 分钟,校准将自动完成,见图 B.14 所示。

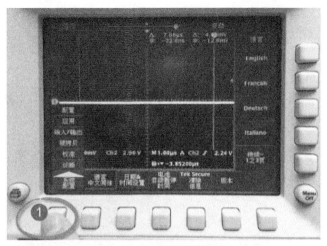

图 B.12 示波器系统设置-1

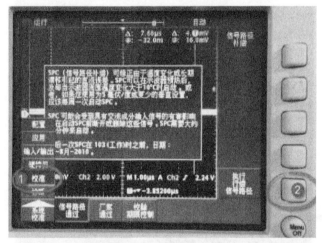

图 B.13 示波器系统设置-2

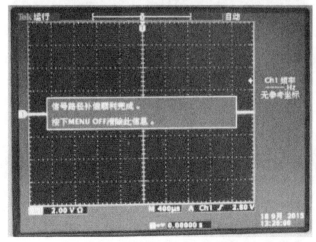

图 B.14 示波器信号路径补偿完成

B.2　功率计

以 Agilent E4418B 型平均功率计为例进行说明。

B.2.1　功率计校准

1)在功率计断电状态下,用随机所带的专用电缆接入"CHANNEL"端口(见图 B.15 中的②号区域),另一端连接功率计探头;

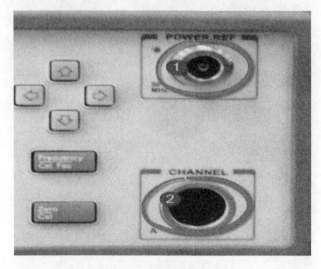

图 B.15　功率计端口

2)按图 B.16 中③按钮打开功率计电源,按①选择功率计初始化设置,按②确认,初始化完成;

3)然后功率探头连接至功率计主机的"POWER REF"端口(见图 B.15 中的①号区域);

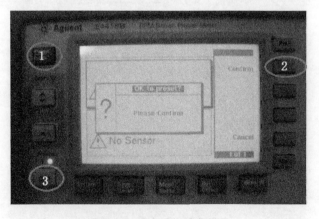

图 B.16　功率计初始化设置

4)按图 B.17 中的①号按钮,功率计液晶显示屏如图 B.17 所示,按②号按钮,功率计开始自动调零,液晶显示屏如图 B.18 所示;

图 B.17　功率计调零及标校-1

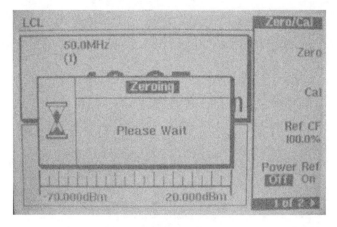

图 B.18　功率计调零界面

5)待调零结束后,按图 B.17 中的③号按钮,功率计开始自动标校,标校界面如图 B.19 所示;功率计自动标校,实际上就是测量"POWER REF"端口输出的 50MHz 信号功率是否为 1mW 或 0dBm;

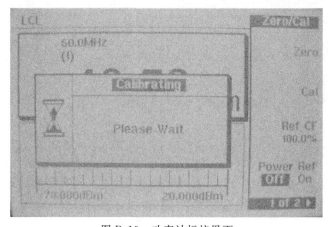

图 B.19　功率计标校界面

6)功率探头依然连接"POWER REF"端口，通过图 B.20 中的①打开功率计内 50MHz 标准信号源（图 B.20 中的③处灯亮表示信号源打开），此时功率计显示测量功率约为 0dBm，否则功率计或标校存在异常，需要检修。完成标校检查后，应通过①关闭 50MHz 标准信号源（图 B.20 中的③处灯灭）。

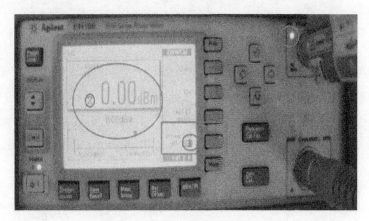

图 B.20　功率计标校检查

B.2.2　工作频率设置

频率设置方法参见图 B.21、图 B.22 所示。

1)依次按图 B.21 中①、②号按钮，功率计液晶显示屏界面如图 B.22 所示；

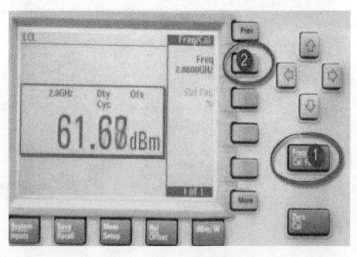

图 B.21　功率计频率设置-1

2)利用图 B.22 中②号区域的箭头设定①号区域显示的数据（②号区域的左、右箭头调整①号区域中黑色方块光标的位置，上、下箭头控制①号区域中黑色方块位置的数字增加、减小），设定完毕后，根据①号区域的数值，用③号区域的按钮确定频率单位。

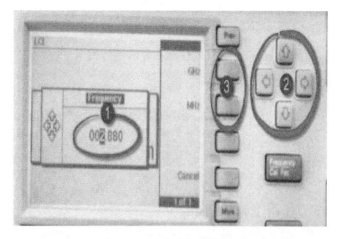

图 B.22　功率计频率设置-2

B.2.3　偏移量(Offset)设置

$$Offset = L_C + L_1 + L_2 + 0.5 \tag{B.1}$$

其中：

L_C:1DC1 耦合器的耦合度(dB),可从耦合器铭牌上查询,如图 B.23 中方框处所示;

L_1:固定衰减器的衰减值(dB),如图 B.23 中方框处串接的 30dB 衰减器;

L_2:测试电缆损耗(dB),通过实际标校测试电缆获得;

0.5:其他损耗(dB)。

1)根据公式 B.1,计算正确的衰减值;

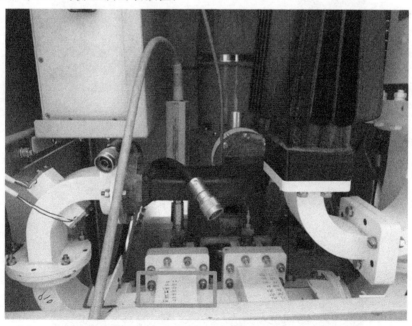

图 B.23　耦合器铭牌位置以及衰减值

2)按图 B.24 中①号按钮进入系统输入设置界面,然后按②号按钮,液晶显示界面如图 B.25 所示;

3)按图 B.25 中的①号按钮,衰减偏置开关在 Off 和 On 之间切换,On 表示衰减设置有效,Off 表示衰减设置无效;

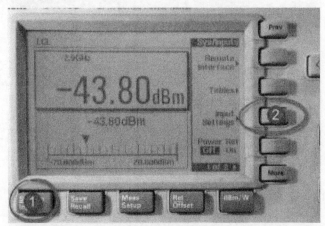

图 B.24 衰减设置-1

图 B.25 衰减设置-2

4)按图 B.25 中②号按钮,显示如图 B.26 所示;

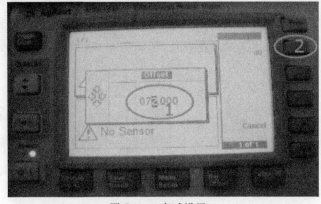

图 B.26 衰减设置-3

　　5）根据计算出的衰减值，利用功率计前面板右侧的方向键，设置图 B.26 中①号区域的数字（左、右箭头调整黑色光标位置，上下箭头调整黑色光标处数字的大小），按②按钮进行单位确认。

B.2.4　占空比（Duty）设置

　　占空比计算公式为：

$$Duty = \frac{\tau \times F}{1000000} \times 100\% \text{ 或者 } Duty = \frac{\tau \times F}{10000} \times 1\% \tag{B.2}$$

　　其中：

τ：发射脉冲宽度（μs）

F：脉冲重复频率（Hz）

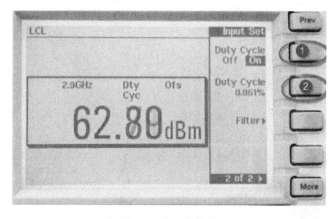

图 B.27　占空比设置-1

　　1）根据实际情况，算出正确的占空比；

　　2）按图 B.24 中①号按钮进入系统输入设置界面，按"More"键，液晶显示屏的显示如图 B.27 所示；

　　3）按图 B.27 中的①号按钮，占空比开关在 Off 和 On 之间切换，On 表示占空比设置有效，Off 表示占空比设置无效；

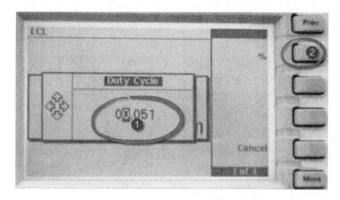

图 B.28　占空比设置-2

4）然后按图 B.27 中的②号按钮，液晶显示界面如图 B.28 所示，根据计算出的正确占空比，利用功率计前面板右侧的方向键，设置图 B.28 中①号区域的数字（左、右箭头调整黑色光标位置，上下箭头调整黑色光标处数字的大小），按②按钮确认（注意是"％"而非"‰"）。

B.3　合像水平仪

B.3.1　合像水平仪介绍

合像水平仪构造示意图见图 B.29 所示。

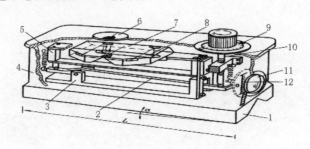

图 B.29　合像水平仪构造示意图

1—底板；2—杠杆；3—支承；4—壳体；5—支承架；6—放大镜；
7—棱镜；8—水准器；9—微分筒；10—测微螺杆；11—放大镜；12—刻线尺

参看图 B.29，测量时，合像水平仪水准器 8 中的气泡两端经棱镜 7 反射的两半像从放大镜 6 观察。当桥板两端相对于自然水平面无高度差时，水准器 8 处于水平位置，则气泡在水准器 8 的中央，位于棱镜 7 两边的对称位置上，从放大镜 6 看到的两半像相合，如图 B.30（a）所示。如果桥板两端相对于自然水平面有高度差，则水平仪倾斜一个角度 α，气泡不在水准器 8 的中央，从放大镜 6 看到的两半像是错开的，如图 B.30（b）所示，产生偏移量 Δ。

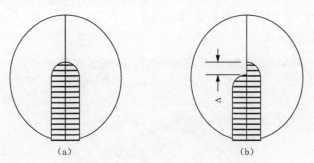

（a）　　　　　　　　　　　　（b）

图 B.30　合像水平仪气泡位置示意图

B.3.2　天线座水平误差计算

根据合像水平仪的使用说明书可知：

实际倾斜度＝测量精度×工件长度×刻度盘读数

其中若测量精度为 0.01mm/m(0.01/1000 无量纲数)，工件长度计为 L，刻度盘读数为 m，实际倾斜度计为 h，上式化为：

$$h=\frac{0.01}{1000}\times L\times m=10^{-5}\times L\times m \tag{B.3}$$

由于 h 远小于工件长度(天线座俯仰转动平台对角线长度)，所以可将 h(弦长)看作近似等于其对应的弧长，由弧度定义(弧长等于半径的弧，其所对的圆心角为 1 弧度，根据半径旋转方向，弧度有正负之分)可以计算 h 所对应的圆心角 rad(弧度)为：

$$rad(弧度)=\frac{弧长}{半径}=\frac{h}{L}=\frac{10^{-5}\times L\times m}{L}=10^{-5}m \tag{B.4}$$

由弧度和角度转换公式可知，该弧度转换为角度 α 为：

$$\alpha=rad\times\frac{180}{\pi}(°)=rad\times\frac{180}{\pi}\times 3600('') \tag{B.5}$$

$$\alpha=10^{-5}\times m\times\frac{180}{3.14}\times 3600=\frac{6.48}{3.14}\times m\approx 2m('') \tag{B.6}$$

为计算方便，我们假定第一次水平测量在 0°方向，合像水平仪刻度盘读数 m_0，误差角度为 α_0，第二次测量为天线俯仰平台在第一次测量基础上水平旋转 180°再测量(由于翻转了 180°，假定 0°时弧度值为正，则此时的弧度值为负，反之亦然)，合像水平仪刻度盘读数为 m_{180}、误差角度为 α_{180}，见图 B.31、图 B.32 所示，由公式 B.6 可得如下结果：

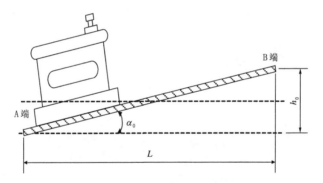

图 B.31 第一次水平测量

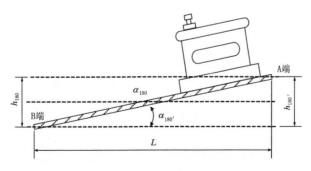

图 B.32 第二次水平测量

$$\alpha_0=2m_0 \tag{B.7}$$

$$\alpha_{180}=-2m_{180} \tag{B.8}$$

　　旋转 180°测量是为了消除合像水平仪本身的仪器误差,天线座安装实际水平误差为:

$$\Delta\alpha = \left|\frac{\alpha_0 + \alpha_{180}}{2}\right| = \left|\frac{2m_0 + (-2m_{180})}{2}\right| = |m_0 - m_{180}| \tag{B.9}$$

即:天线水平误差可以近似看作是同一直线上两次测量合像水平仪读数之差。

附录C 雷达操控和参数设置

C.1 发射机人工线电压测量与调整

C.1.1 指标定义

调制器中人工线电压的取样测试信号为 1：1000 取样，所以示波器的测试信号幅度为实际人工线电压的 1/1000。

C.1.2 技术指标

人工线电压最高不超过 4500V（示波器显示为不超过 4.5V），正常工作时一般不超过 4200V（示波器显示为不超过 4.2V）。

C.1.3 测量方法

从调制器/触发器充电电压检测接口（见图 C.1 所示）将人工线取样信号输出，通过 BNC 电缆连接示波器，测量其幅度。

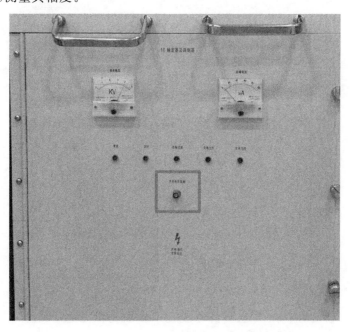

图 C.1 人工线电压取样测试端口

C.1.4　仪表及附件

1)示波器(TDS3032B 或同类型)。

2)BNC 测试电缆。

C.1.5　测量步骤

1)连接示波器;

2)设置示波器的匹配电阻为 1MΩ;

3)在 RDASOT 测试平台,通过软件示波器设置激励信号重频为 322Hz、窄或宽脉冲,将发射机设置为"本控""手动",发射机预热完成后,开发射机高压;

4)设置示波器使得波形完整显示;

5)读取人工线电压值。如图 C.2,按①号区域中的按键选中水平光标线,通过③号红色区域中的旋钮将下光标线放在地电平位置,按②号区域中的按键切换到上光标线,并通过③号区域旋钮将上光标线放置于波形顶位置,显示屏右上角的相对值即为人工线电压值(见图 C.3)。

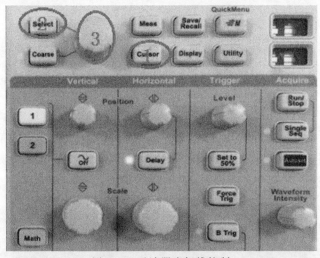

图 C.2　示波器光标线控制

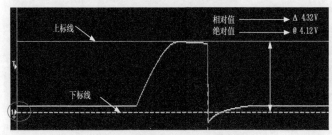

图 C.3　示波器测量人工线电压

C.1.6　调整方法

1)测试发射机输出功率,根据功率情况,通过发射机高压充电分机上的人工线电压宽窄调整电位器微调对应脉宽人工线电压,使发射机功率满足技术指标要求;

2)根据测试结果,对比人工线表头指示值(见图 C.4 所示),如果实测值跟人工线表头指示值不符,可调整测量接口板(3A1A2)上的 RP3(电位器见图 C.5 所示),使人工线表头指示与实测人工线电压值一致。

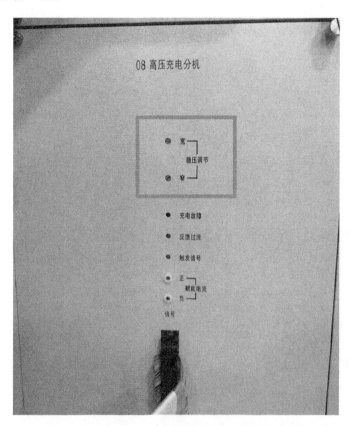

图 C.4　人工线电压调整电位器

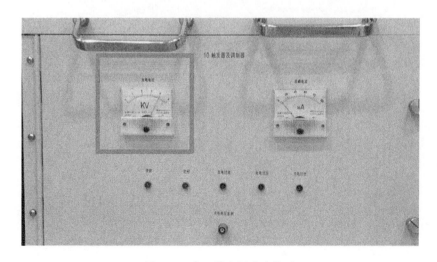

图 C.5　人工线电压表头指示

C.1.7 注意事项

1）测试前测试下示波器本身自带的自检信号，如有必要，予以校正（利用示波器自校正功能）。

2）调整人工线电压指示表头的指示电压时，必须保持视线垂直于表头，以消除视觉误差。

3）人工线电压应低于 4.5kV。

C.2 接收机测试通道标定

接收机通道可分为主通道和测试通道。标定测试通道关键参数：

在 RDASOT 平台参数 1 中实测频率源 J3 输出功率（应修改 R36 项与实测值一致）、接收机保护器输出（场放输入）功率，调整 R25 值使得注入功率数值和测试值一致，如图 C.6 所示。

注意：需修改 RDASOT 软件中适配参数的对应项。

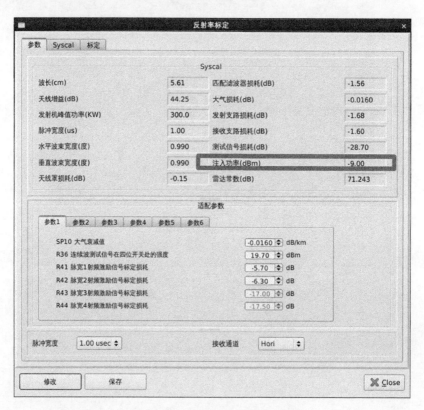

图 C.6 测试通道主要参数设置

C.3 CW、RFD、KD 标定误差调整方法

对系统进行标定，需要对 CW、RFD、KD 标定进行误差调整，使得测量值和期望值一致。

图 C.8 是在 RDASOT 平台反射率标定 Syscl 中得到的 CW、RFD 的标定结果，如果期望值与测量值相差超限,需要在适配参数中进行修改。

1)首先要点击 RDASOT,弹出如图 C.7 所示的界面;

图 C.7 RDASOT 平台对话框

图 C.8 CW、RFD 标定结果

2)点击反射率标定按钮；

3)在左边区域点击开始 Syscl 标定按钮；

4)如果 CW 标定期望值与测量值之间的差异超限；

5)进入到反射率标定参数 2 修改界面，如图 C.9 所示；

图 C.9　参数修改对话框

6)更改 R53 项就可改变窄脉宽 CW 标定期望与测量值之间的差异，期望值大，测量值小，那么需要在 R53 项原有数值的基础上增加，反之亦然，宽脉宽调整 R54，点击修改按钮进行修改，修改完后点击保存按钮；

7)再点击开始 Syscal 标定按钮，检查 CW 标定期望与测量值之间的差异，直到符合要求为止；

8)更改 RFD 的标定差异，需要进入到反射率标定参数 1 界面，调整适配参数 R41，可以调整窄脉宽 RFD 理论值（调整适配参数 R42 可以改变宽脉宽 RFD 理论值），如图 C.10 所示；

更改 R38、R39 改变 RFD 测量值；对宽脉冲可以单独调整 R54，窄脉冲调整 R53，如图 C.11 所示；

9)本次标定的 RFD 结果见图 C.12 所示。

(该参数有调整范围限制，当调整超限时需要多项指标联合调整。)

同理，我们如果对宽脉冲标定，只要更改 R43 项即可。

图 C.10　RFD 测量误差理论值调整项

图 C.11　RFD 测量误差测量值调整项

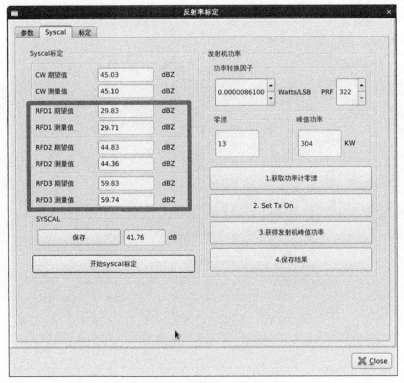

图 C.12　RFD 期望值与测量值差异

　　KD 标定在 RCW 平台性能数据页面接收机 2 和 3 界面中进行,窄脉冲需要更改的参数是 R40 项和 R45 项,调整 R40 可以改变测量值,调整 R45 可以改变理论值。同样更改 R46 项对宽脉冲有效,如图 C.13 和图 C.14 所示。

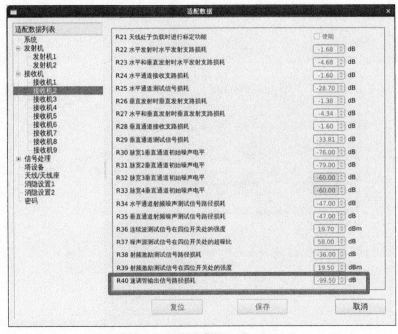

图 C.13　KD 差异测量值调整项

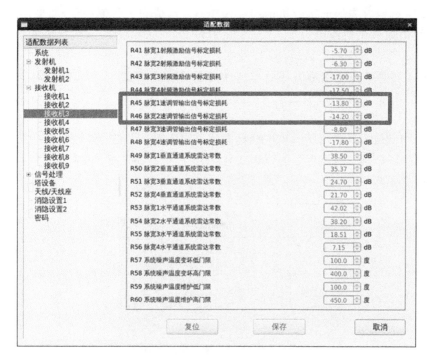

图 C.14　KD 差异理论值调整项

本次标定 KD 的结果可在 RCW 平台性能数据页面标定检查中查看,如图 C.15 所示。

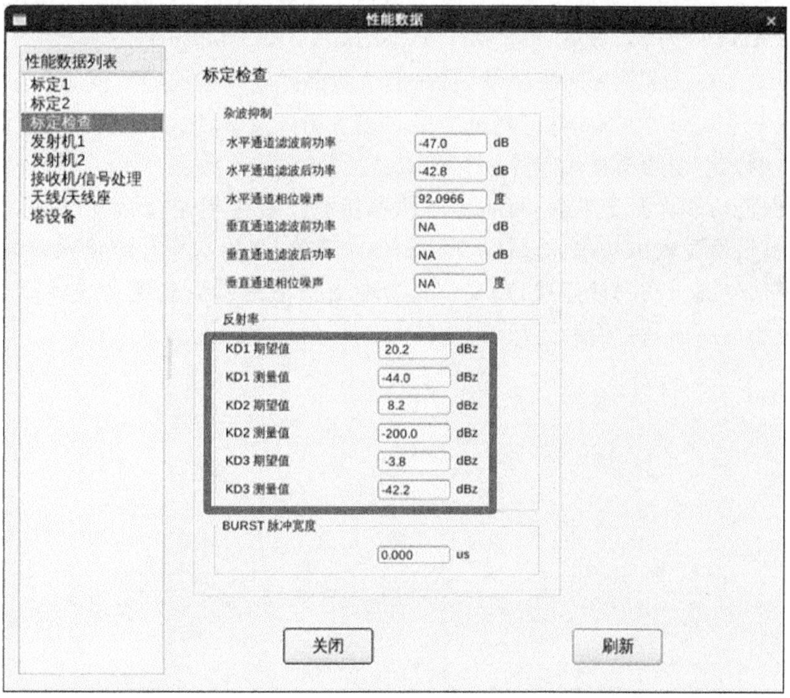

图 C.15　KD 期望值和实测值差异

小结:CW 标定首先保证接收机前端注入功率显示值和实测值一致,如果存在误差,则改测量值,测量值如果比期望值大了,就需要在 R53 中减去相应数值,测量值如果比期望值小了,就需要在 R53 中加上相应数值;RFD 需要调整 R41(窄脉宽)或 R42(宽脉宽)改变期望值,或者调整 R38 和 R39 改变测量值;KD 窄脉冲需要更改的参数是 R40 项和 R47 项,调整 R40可以改变测量值,调整 R47 可以改变理论值,同样更改 R40 项和 R46 项对宽脉冲有效。

如果在 RCW 平台标定,每次修改完适配数据,要退出 RCW,然后删除 computer/filesystem/opt/rda/config/RDACALIB.dat 文件,再重新进入 RCW 进行系统标定。

进行雷达检测定标时,要用到射频测试电缆,在进行检测定标前,应对射频测试电缆的损耗进行测量,如图 C.16 所示。

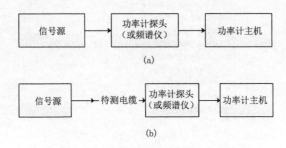

图 C.16　测试电缆损耗测量框图

测量步骤:

1)对功率计进行调零、校准;

2)开启信号源,将信号源输出频率设置为雷达工作频率(如 $Frequency=5400\mathrm{MHz}$),工作模式为连续波 $Mod=Off$),设置输出功率 $Amplitude=A_0=0\mathrm{dBm}$;

3)按照图 C.16(a)的方式连接测量设备,记录功率计或频谱仪的数值 A_{test1};

4)再按图 C.16(b)的方式,将待测电缆串联接入测试设备,记录功率计的数值 A_{test2};

5)计算出测试电缆的损耗 $L_1=|A_{test1}-A_{test2}|$。

注意:为保证功率计测量准确,可将信号源和功率计直接相连,设置信号源的频率为本站工作频率,调整信号源输出功率,查看功率计测量功率值,得出功率计测量误差最小区间,然后用测试电缆将信号源与功率计连接,调整信号源输出功率使得经电缆衰减后信号功率在功率计测量误差最小区间内,在功率计读取经电缆衰减后的功率值。

附录 D 发射系统

D.1 发射脉冲包络测试

D.1.1 指标描述

脉冲重复频率 F:1 秒中内发射的射频脉冲的个数。

包络宽度 τ:脉冲包络前、后沿半功率点(0.707 电压点)之间的时间间隔。如脉冲包络的平顶幅度为 U_m,从脉冲前沿 $0.7U_m$ 到后沿 $0.7U_m$ 的时间间隔为脉冲宽度。

上升沿时间 τ_r:从脉冲前沿 $0.1U_m$ 到前沿 $0.9U_m$ 的时间间隔为脉冲上升沿时间。

下降沿时间 τ_f:从脉冲后沿 $0.9U_m$ 到后沿 $0.1U_m$ 的时间间隔为脉冲下降沿时间。

顶降 δ:如脉冲包络的最大幅度为 U_{max},那么 $\delta = \dfrac{U_{max} - U_m}{2U_m}$。

发射脉冲包络计量见图 D.1。

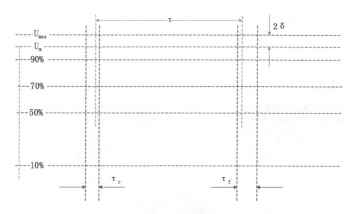

图 D.1 发射脉冲包络计量图测试方法

采用机外仪表测试。雷达馈线中的定向耦合器将发射信号耦合输出,通过衰减器、测试电缆接入检波器和示波器,设置示波器显示完整包络形状,参见图 D.1 即可读取发射脉冲包络的各种参数。对于不同脉宽,不同重复频率应分别测量。

D.1.2 仪表及附件

1)平衡检波器。

2)数字示波器(TDS3032B 或同类型)。

3)低损耗高频测试电缆(N-N 型)。

4)BNC 测试电缆(BNC-BNC)。

5)固定衰减器(10dB)。

6)电缆转接头(N-50KK)。

D.1.3　测试框图

发射脉冲包络测试框图见图 D.2。

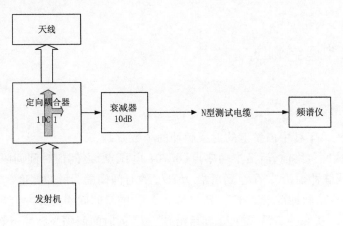

图 D.2　发射脉冲包络测试框图

D.1.4　测量步骤

1)按图 D.2 方式连接测试设备(送至检波器的功率应小于检波器额定最大功率值,按一般检波器额定最大平均功率为 10dBm);

2)在 RDA 电脑上运行 RDASOT 程序,弹出如图 D.3 所示对话框,点击软件示波器按钮,在弹出对话框中选择发射机页面,最终显示发射机测试信号选择对话框,见图 D.4 所示;

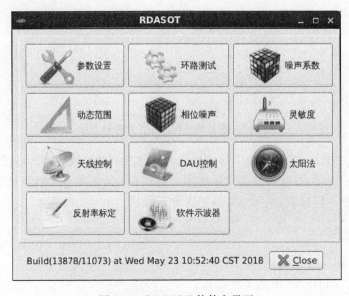

图 D.3　RDASOT 软件主界面

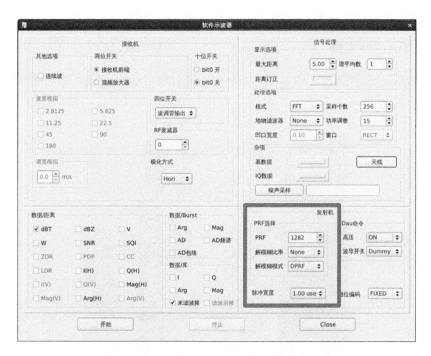

图 D.4　发射机测试信号设置

3）在图 D.4 中的发射机区域选择脉冲重复频率和选择宽/窄脉冲，在选择好频率和脉宽后，点击"开始"按钮；

4）发射机预热完毕，通过发射机控制面板的控制区（见图 D.5 所示）的"本/遥""自动/手动"按钮，将发射机切换到"本控""手动"模式；

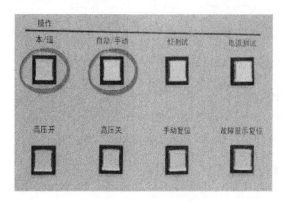

图 D.5　发射机控制面板

5）使雷达系统处于正常工作状态，发射机手动加高压；

6）正确设置示波器，按示波器"自动测量"按钮，再改变示波器的横轴和纵轴刻度旋钮，使示波器上能见到合适的脉冲包络波形，然后读取脉冲包络的各参数值（F、τ、τ_r、τ_f、δ）；

7）关掉发射机高压，改变发射机脉冲重复频率和脉宽（严禁在开高压状态下切换脉宽）测试，如果测试结果符合技术指标要求，记录测试数据，否则应按照维修手册调整脉冲宽度直至符合指标要求，重新测试并记录新的测试数据；

　　8)如不能解决脉冲宽度异常问题,则需进一步调整和检修。

D.1.5　发射脉冲宽度调整

　　1)若测试宽/窄脉冲宽度不符合技术指标,用示波器测试、显示完整的脉冲包络;

　　2)分别在宽/窄脉冲包络测试状态下,调整脉冲形成器前面板上的宽/窄脉宽调整电位器,如图 D.6,边调整边观察包络宽度变化,直到符合指标要求;

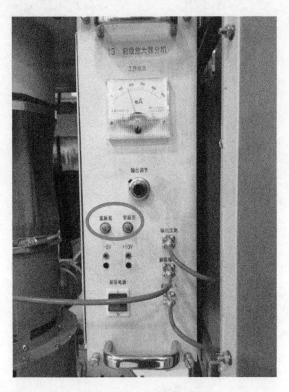

图 D.6　脉冲宽度调整位置

　　3)查验适配参数中的"脉冲宽度(窄)"和"脉冲宽度(宽)"与测试结果是否一致,若不一致则根据窄/宽脉冲宽度的实测值对应修改适配参数中 Trans1→TR5/Trans1→TR6;

　　4)保存并重新启动 RDASC 程序,修改方能生效。

D.1.6　数据记录及技术指标要求表

F(Hz)	$\tau(\mu s)$	$\tau_r(ns)$	$\tau_f(ns)$	$\delta(\%)$
322	1.00±0.10	≥120	≥120	≤5
322	2.00±0.25	≥120	≥120	≤5

D.1.7　注意事项

　　1)在进行宽/窄脉冲切换前,必须先切断高压,再行切换控制,否则易烧坏发射机。

2)为避免大功率假负载吸收发射功率发热或打火,应尽量避免在测试状态下长时间开高压。

3)平衡检波器所能承受的最大平均功率为 10dBm,为保证平衡检波器的使用安全,必须保证平衡检波器输入信号平均功率小于 10dBm。通常在测试线缆靠近 1DC1 一端接 10dB 固定衰减器,经 BNC 线缆连接至示波器,如图 D.7 所示。

4)示波器匹配阻抗设置为 50Ω。

图 D.7 平衡检波器加衰减器接入测试链路

D.2 发射脉冲峰值功率测量

D.2.1 指标描述

发射脉冲峰值功率是指发射脉冲持续期间的信号功率。发射脉冲平均功率是指单位时间内信号功率,峰值功率和平均功率之间的换算关系可用公式(D.1)所示。

$$P_t = P_{av} \frac{T}{\tau} \tag{D.1}$$

式中:

P_t:峰值功率(kW)

P_{av}:平均功率(W)

T:发射脉冲重复周期(ms)

τ:发射脉冲宽度(μs)

D.2.2 测量方法

采用机外仪表测量法和机内自动测量法。雷达馈线中的定向耦合器将发射信号耦合输出,通过衰减器、测试电缆接入机外(或机内)功率计,设置功率计即可显示发射脉冲的峰值功率。对于不同脉宽,不同重复频率应分别测量。

D.2.3 仪表及附件

(1)机外仪表测量法

1)功率探头(Agilent 8481A 或同类型)。

2)功率计(Agilent E4418B 或同类型)。

3)低损耗测试电缆(N-N)。

4)电缆转接头(N-50KK)。

5)固定衰减器(N 型 10dB)。

(2)机内自动测量法

RDASOT 软件。

D.2.4 测量框图

发射脉冲峰值功率测量框图见图 D.8。

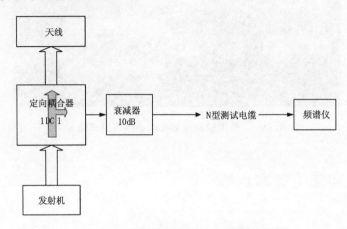

图 D.8 发射脉冲峰值功率测量框图

D.2.5 功率计设置

1)工作频率:$Frequency=$雷达实际工作频率;

2)偏移量:$Offset=L_C+L_l+L_T+0.5$ (L_C:耦合器耦合度,L_l 电缆损耗,L_T:固定衰减器衰减量);

3)占空比:$Duty=\dfrac{\tau\times F}{10000}\%$ (τ:发射脉冲宽度(μs),F:雷达重复频率(Hz));

4)显示单位:$Unit=W$($MeasDisplay\rightarrow Units\rightarrow W$)。

D.2.6 测量步骤

(1)机外仪表测量法

1)按照 D.1.1 测量脉冲包络,并记录测量结果;

2)功率计调零、标定;

3)按图 D.8 连接测量设备(送至功率探头的峰值功率应小于功率探头额定最大功率值,一般随机功率探头额定最大功率值为 20dBm,串接在测量链路中的固定衰减器的总衰减量应不小于 10dB),设置功率计的占空比和衰减偏置量,以及标校系数;

4)按照 D.1.5 中第 2)~5)操作,发射机加高压;

5)分别读取不同重频的发射机功率值;如果测量结果符合技术指标要求,记录测量数据,否则应按照维修手册调整发射脉冲功率直至符合指标要求,重新测量并记录新的测量数据;

6)如不能解决功率异常问题,则需进一步调整和检修。

(2)机内自动测量法

RCW 平台每个体扫自动监控发射机输出功率,在性能数据→发射机 1 可查看,如图 D.9 所示,并将结果记录到日志文件。

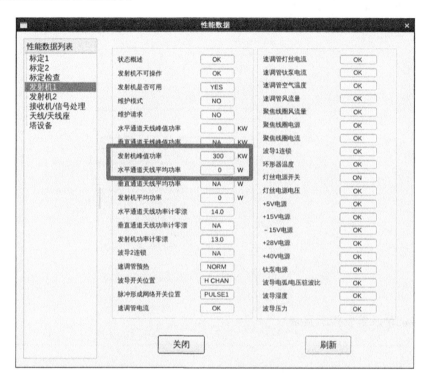

图 D.9　查看机内发射机功率和天线功率

D.2.7　发射脉冲峰值功率定标

若发射脉冲峰值功率值小于 650kW,需检查和调整:

1)检查发射机输出脉冲宽度是否符合指标(窄脉冲 $1.00\pm0.1\mu s$、宽脉冲 $2.0\pm0.20\mu s$), 视情况调整;

2)检查人工线电压是否符合指标($\geqslant3500V$),视情况调整;

3)检查灯丝电流是否正常(查看速调管铭牌值与实际值是否相符),视情况调整。

若机内、机外测量发射脉冲峰值功率相差 50kW 以上,应对机内功率测量进行定标。

1)进入 RCW 平台中适配修改界面;

2)进入到图 D.10 发射机 1 界面中,TR13 和 TR14 对应窄、宽脉冲发射机功率;

3)如本例中我们读取到的发射机机内测量功率为 260kW,假设在发射机定向耦合器 1DC1 的耦合输出端测得的发射机 322Hz 窄脉冲实际功率是 300kW,需将机内测量的 260kW 调整为 300kW,TR13 中的数值 0.00000861,根据 $0.00000861\times300/260=0.00000993$,即将 TR9 中的 0.00000861 改成 0.00000993 即可。

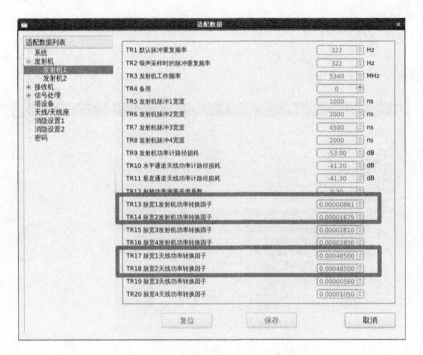

图 D.10　机内发射机功率和天线功率调整项

D. 2. 8　数据记录及技术指标要求

窄/宽脉冲	$F(\text{Hz})$	$\tau(\mu s)$	$D(\text{‰})$	$P_t(\text{kW})$
窄	322			≥250
窄	857			≥250
窄	1282			≥250
宽	322			≥250
宽	446			≥250
脉冲功率平均值(kW)	≥250			

D. 2. 9　注意事项

1)在进行宽/窄脉冲切换前,必须先切断高压,再行切换控制,否则易烧坏发射机。

2)为避免大功率假负载吸收发射功率发热或打火,应尽量避免在测试状态下长时间开高压。

3)确保进入功率探头的信号功率小于功率探头的额定输入功率。

4)应使用标定过的测试电缆。

5)发射机脉冲峰值功率一般不超过 350kW。

6)人工线电压不应大于 45000V。

7)示波器匹配阻抗设置为 50Ω。

D.3 发射机输出极限改善因子测量

D.3.1 指标描述

极限改善因子是反映信号在一定条件下的信号功率谱与噪声功率谱之间的关系,一般情况下使用频谱仪直接测量。

极限改善因子可使用公式(D.2)进行计算。

$$I=\frac{S}{N}+10\lg B-10\lg F \qquad (D.2)$$

式中:

$\frac{S}{N}$:信噪比(dB);

B:频谱仪分析带宽(Hz);

F:雷达重复频率(Hz)。

D.3.2 测量方法

采用机外仪表测量方法。雷达馈线中的定向耦合器将发射信号耦合输出,通过衰减器、测试电缆接入频谱仪,通过设置频谱仪测量发射机输出信号的信噪比,然后通过公式(D.2)即可得出发射机输出极限改善因子。

D.3.3 仪表及附件

1)频谱仪(Agilent E4445A 或同类型)。
2)低损耗高频测试电缆(N 型)。
3)射频连接器(N-50KK)。
4)固定衰减器(N 型 10dB)。

D.3.4 测量框图

发射机输出极限改善因子测量框图见图 D.11。

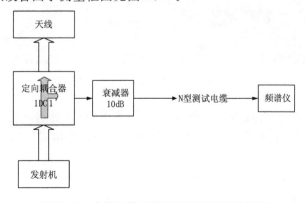

图 D.11 发射机输出极限改善因子测量框图

D.3.5　频谱仪设置

1)设置频谱仪频率:首先设置频点为当前雷达工作频率,点击"FREQUENCY Channel",见图 D.12 所示;

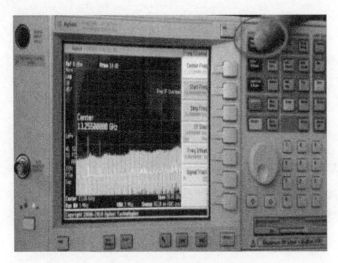

图 D.12　设置频谱仪频率-1

2)数字键盘区输入雷达工作频率,点击屏幕右侧按钮确认单位,见图 D.13 所示,如图输入频点为 2800MHz;

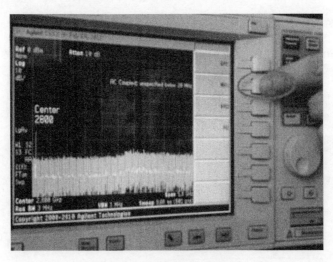

图 D.13　设置频谱仪频率-2

3)设置频谱仪检测带宽:点击"SPAN X Scale",见图 D.14 所示。重复频率 644Hz 设置为 1kHz,重复频率 1282Hz 设置为 2kHz。数字键盘区域输入数值,屏幕右侧按钮选择单位,见图 D.15 所示;

4)点击"AMPLITUDE Y Scale",见图 D.16 所示;

5)旋转旋钮,调整图形到达合适位置,见图 D.17 所示;

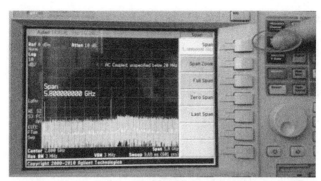

图 D.14 设置频谱仪检测带宽-1

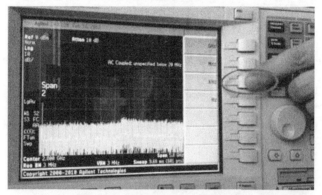

图 D.15 设置频谱仪检测带宽-2

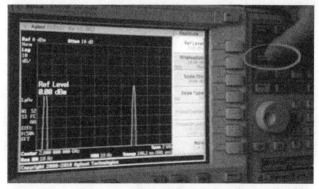

图 D.16 设置频谱仪检测带宽-3

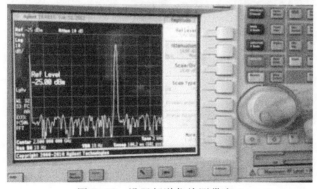

图 D.17 设置频谱仪检测带宽-4

6)再次点击"FREQUENCY Channel",通过旋钮调整中心频点的位置,见图 D.18 所示;

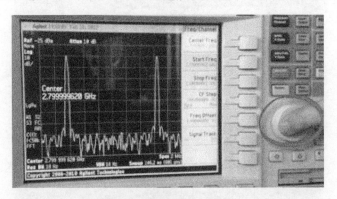

图 D.18　设置频谱仪检测带宽-5

7)设置频谱仪分析带宽 RBW 为 3Hz:点击"BW/Avg",见图 D.19 所示;

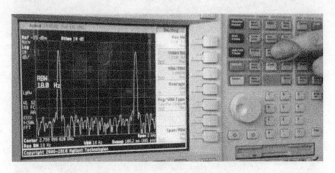

图 D.19　设置频谱仪分析带宽-1

8)数字键盘输入 3Hz 解析带宽,见图 D.20 所示;

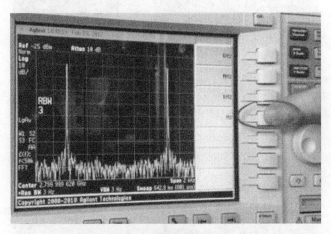

图 D.20　设置频谱仪分析带宽-2

9)设置频谱仪平均值:在图 D.19 中的同级菜单中选择"Average",使之处于"ON"状态,一般取 10 次平均,见图 D.21 所示;

10)数字键盘输入 10 后,点击屏幕旁的按钮 ENTER 进行确认,即为平均 10 次,见图

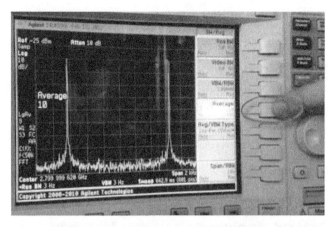

图 D.21　设置取样平均值为 10 次-1

D.22 所示；

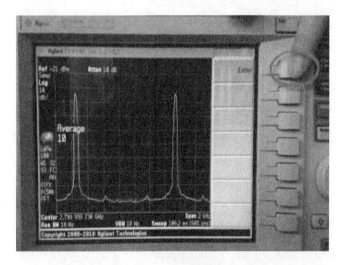

图 D.22　设置取样平均值为 10 次-2

11)测量信号噪声比,点击"Peak Search",见图 D.23 所示；

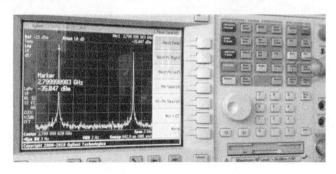

图 D.23　测量信号噪声比-1

12)点击"Marker",见图 D.24 所示；

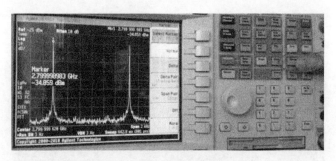

图 D.24　测量信号噪声比-2

13）屏幕右侧点击按钮，选择"Delta"，见图 D.25 所示；

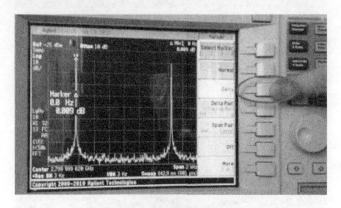

图 D.25　测量信号噪声比-3

14）输入 1/2 PRF 的数值，查看信噪比，见图 D.26 所示；

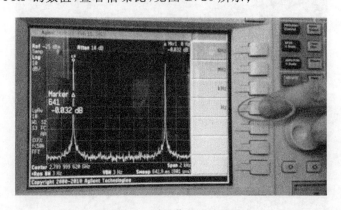

图 D.26　测量信号噪声比-4

15）结果见图 D.27 所示。

D.3.6　测量步骤

1）按图 D.11 连接测试设备（送至频谱仪的峰值功率应小于频谱仪额定最大功率值），测量发射机 1DC1 耦合输出信号；

2）按照 D.1.5 第 2）～5）操作，发射机加高压；

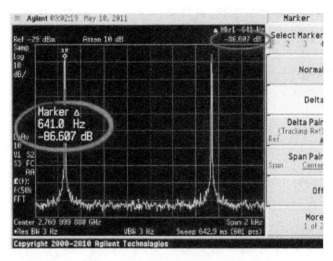

图 D.27　测量信号噪声比-5

3）设置频谱仪,得到信噪比值;

4）根据公式(D.2)计算发射机输出极限改善因子。

D.3.7　数据记录及技术指标要求（取 1282Hz 测量结果）

窄/宽脉冲	F(Hz)	B(Hz)	S/N(dB)	I(dB)
窄	1282	3	≥78.31	≥52.0
窄	644	3	≥75.32	≥52.0

D.3.8　注意事项

1）在进行宽/窄脉冲切换前,必须先切断高压,再行切换控制,否则易烧坏发射机。

2）为避免大功率假负载吸收发射功率发热或打火,应尽量避免在测试状态下长时间开高压。

3）频谱仪的输入信号额定最大功率≤30dBm,在测量前,应对所测量信号的功率大小有充分了解,加入适当衰减器,以保证进入频谱仪的信号强度小于频谱仪的输入信号额定最大功率。

D.4　发射机输入极限改善因子测量

D.4.1　指标描述

同附录 D.3.1。

D.4.2　测量方法

采用机外仪表测试方法。将频综输出激励信号通过测试电缆接入频谱仪,通过设置频谱仪即可测量发射机输入信号的信噪比，然后通过公式（D.2）即可得出发射机输入极限改善因子。

D.4.3　仪表及附件

1）频谱仪（Agilent E4445A 或同类型）。
2）测试电缆（SMA）。
3）射频连接器（N-SMA）。

D.4.4　测量框图

发射机输入极限改善因子测量框图见图 D.28。

图 D.28　发射机输入极限改善因子测量框图

D.4.5　测量步骤

1）按图 D.28 方式连接测试设备；
2）使雷达系统处于正常工作状态，发射机关高压；
3）依照 D.3.5 设置频谱仪，测量信噪比；
4）撤除测试电缆，恢复雷达系统线缆连接；
5）根据公式（D.2）计算发射机输入极限改善因子。

D.4.6　数据记录及技术指标要求（取 1282Hz 测量结果）

窄/宽脉冲	F(Hz)	B(Hz)	S/N(dB)	I(dB)
窄	1282	3	≥81.31	≥55.0
窄	644	3	≥78.32	≥55.0

附录 E　接收系统

E.1　噪声系数测量

E.1.1　指标描述

噪声系数:接收系统输入端信号噪声比与输出端信号噪声比的比值,可用公式(E.1)表示。

$$F = \frac{S_i/N_i}{S_o/N_o} \tag{E.1}$$

式中:

S_i:输入额定信号功率

N_i:输入额定噪声功率

S_o:输出额定信号功率

N_o:输出额定噪声功率

E.1.2　测量方法

采用 Y 因子法。在接收系统前端连接噪声源,分别在噪声源冷态(关闭噪声源电源)和热态(打开噪声源电源)时测量接收系统的输出噪声功率 P_1 和 P_2。

计算公式:

$$N_F = ENR - 10\lg[(P_2 \div P_1) - 1] \tag{E.2}$$

式中:

ENR:噪声源超噪比(dB)

P_1:断开噪声源的读数(mW)

P_2:接通噪声源的读数(mW)

N_F:噪声系数(dB)

噪声温度(T_N)与噪声系数的换算公式为:

$$N_F = 10\lg\left(\frac{T_N}{290} + 1\right) \tag{E.3}$$

噪声系数测量方法分为机内噪声源法和机外噪声源法 2 种方法。2 种方法测量的差值应 ≤0.2dB。

E.1.3　仪表及附件

(1)机外噪声源法

1)固态噪声源(Agilent 346B)。

2)频谱仪(Agilent E4445A)。

3)测试电缆。

4)BNC 线缆。

(2)机内噪声源法

RDASC 软件。

E.1.4　测量框图

机外噪声源测量噪声系数见图 E.1。

图 E.1　机外噪声源测量噪声系数

E.1.5　测量步骤

(1)机外噪声源法

1)将频谱仪标配的噪声源连接到接收机场放输入端,见图 E.1、图 E.2;

图 E.2　机外噪声源注入点

2)运行 RDASOT,选取"噪声系数"项,见图 E.3;

3)按下频谱仪 MODE 功能键,见图 E.4;

4)选择 Noise Figure,见图 E.5;

5)选择 Monitor Spectrum,见图 E.6;

6)按下功能 Source 键,见图 E.7;

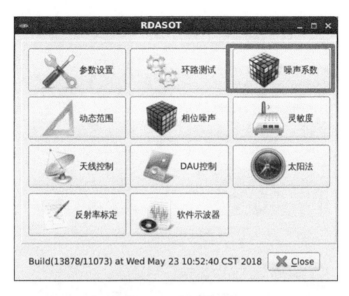

图 E. 3　选择噪声系数

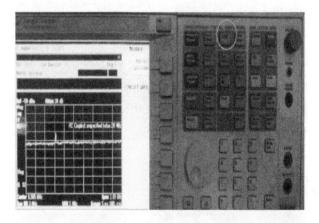

图 E. 4　按下 MODE 键

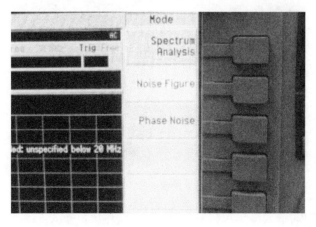

图 E. 5　选择 Noise Figure

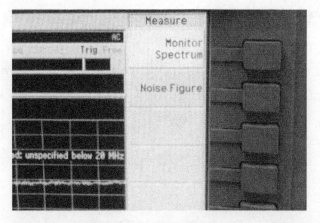

图 E. 6　选择 Monitor Spectrum

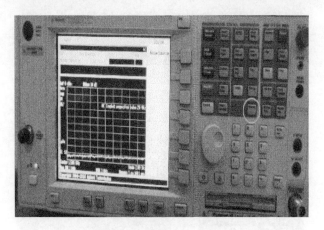

图 E. 7　按下 Source 键

7)选择 Off 为噪声源冷态(关噪声源),见图 E. 8;

图 E. 8　选择 Off 关噪声源

8)在"噪声系数"项,输入噪声源超噪比(ENR),循环次数输入 5,脉宽选择窄脉宽,控制选机外信号源,然后选择"冷态",点击"开始",界面设置图见图 E. 9;

图 E.9　机外噪声系数冷态测量

9)然后频谱仪选 On 为噪声源热态(开噪声源),在"噪声系数"项,选择"热态",点击"测试",界面设置图见图 E.10,自动显示测量结果;

图 E.10　机外噪声系数热态测量

10)撤除测试电缆,恢复雷达系统线缆连接。

(2)机内噪声源法

启动 RDASOT 程序,选择噪声系数测试,脉宽选择窄脉冲,控制选机内信号源,和机外测试步骤一样,机内噪声系数测试设置界面如图 E.11 所示。

图 E.11　机内噪声系数测试界面

E.1.6　噪声系数定标

如果机内噪声温度换算为噪声系数与机外测量值不一致,需要进行噪声系数定标。

1)将机外噪声系数换算为噪声温度,以噪声系数 2.8 为例,对应的噪声温度约为 263;

2)进入 RCW 平台中适配数据界面接收机 2,更改 R37 项,见图 E.12 所示(增大 R37 项值,噪声温度随之增大);

3)更改 R37 项之后要删除标定文件 computer/filesystem/opt/rda/config/RDACAL-IB.dat,重新进行系统标定。一般需多次更改,直到机内与机外噪声温度值达到一致。

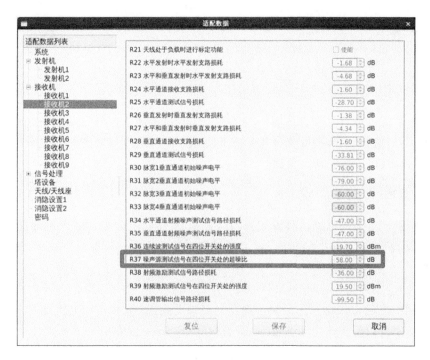

图 E.12　噪声温度调整项 R37

E.1.7　数据记录及技术指标要求

1)机外噪声源测量数据(噪声系数)

测量次数	P_1(mW)	P_2(mW)	N_F(dB)	平均值(dB)
1			≤3.0	
2			≤3.0	
3			≤3.0	≤3.0
4			≤3.0	
5			≤3.0	

2)机内噪声源测量数据(噪声温度)

测量次数	1	2	3	4	5	平均值
噪声温度						
噪声系数	≤3.0	≤3.0	≤3.0	≤3.0	≤3.0	≤3.0

E.1.8　注意事项

使用外接噪声源时,固态噪声源的超噪比 ENR 取值应对应雷达工作频率。

E.2　动态范围测量

E.2.1　指标描述

接收系统动态范围表示接收系统能够正常工作容许的输入信号强度范围，信号太弱，无法检测到有用信号，信号太强，接收机会发生饱和过载。新一代天气雷达的动态范围是指瞬时动态范围，即不含 STC 控制的动态范围。

E.2.2　测量方法

动态范围的测量采用机外信号源或机内信号源，从接收机前端场放输入端注入，由 RDA-SOT 软件自动获取 A/D 输出的功率 dB 或反射率 dBZ。改变信号源输出功率，测量系统的输入输出特性。

根据输入、输出数据，采用最小二乘法进行拟合，由实测曲线与拟合直线对应点的输出数据差值≤1.0dB，来确定接收系统低端下拐点和高端上拐点（饱和点），上拐点和下拐点所对应的输入信号功率值的差值即为动态范围，即动态范围(dB)＝上拐点－下拐点。

E.2.3　仪表及附件

(1)机外信号源法

1)信号源（Agilent E4428C 或同类型）。

2)功率计（Agilent E4418B 或同类型）。

3)功率探头（Agilent N8481A）。

4)测试电缆。

5)网线。

(2)机内信号源法

RDASOT 软件。

E.2.4　测量框图(机外信号源)

机外信号源测量框图见图 E.13。

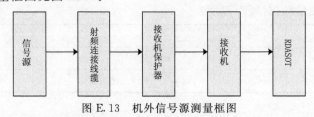

图 E.13　机外信号源测量框图

E.2.5　测量步骤

(1)机外信号源法

1)如图 E.14，信号源输出通过测试电缆从场放输入端输入，用网线连接 RDA 计算机和信号源；

图 E.14　场放输入点图示

2）先查询 RDA 计算机的 IP 地址，然后将信号源的 IP 地址设置为与 RDA 计算机的 IP 同一网段（不能相同），仪器 IP 地址路径为 Utility→GPIB/RS232→LAN Setup→IP Address，如图 E.15 所示；

（注：设置 IP 地址后应将信号源重新启动）

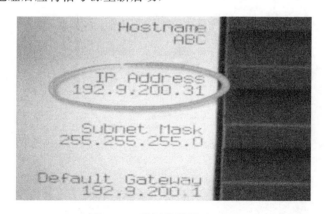

图 E.15　设置信号源 IP 地址

3）设置 RDASOT 中仪器 IP 地址：鼠标点击参数设置，如图 E.16 所示；

4）在弹出的对话框中设置如下：首先将控制信号源的对勾选中，然后输入仪器的 IP 地址、雷达频点和测试电缆损耗（Cable Loss 为测试电缆衰减，电缆衰减已标定），保存后退出，见图 E.17 所示；

5）在 RDASOT 中选择动态范围，如图 E.18 所示；

6）动态范围测量对话框见图 E.19 所示；

7）在图 E.19 的图标类型选 dBZ；

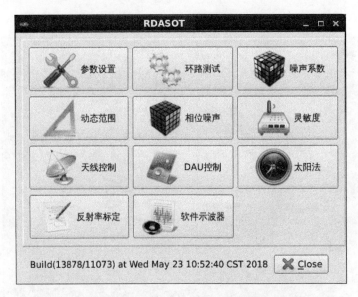

图 E.16　RDASOT 软件运行主界面

图 E.17　设置信号源 IP 地址、雷达频点和测试线缆损耗界面图

8)选择机外,然后点击自动测试,见图 E.20 所示,RDASOT 控制信号源自动完成机外动态范围测量,测量数据保存在 computer/filesystem/opt/rda/log/Dyntest_date.txt;

9)撤除测试电缆,恢复雷达系统线缆连接;

10)将记录的数据按照最小二乘法进行拟合,得出动态范围、拟合直线斜率以及拟合均方根误差、方差等参数;

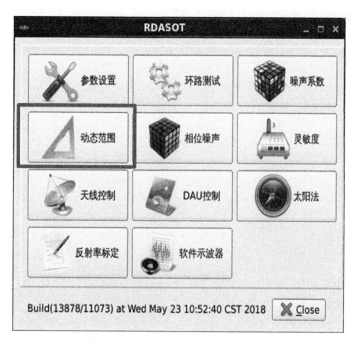

图 E.18　在 RDASOT 中选择动态范围测量

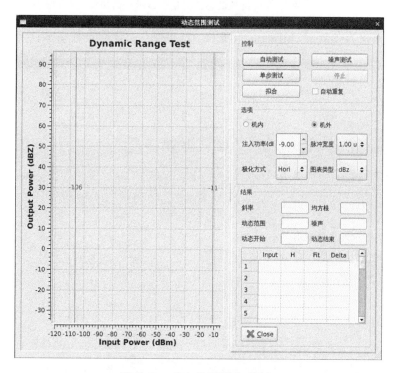

图 E.19　动态范围测试对话框

11）如果测量结果超出技术指标要求，则需要对雷达系统进行进一步检查或维修。

（2）机内信号源法

做机内动态时应注意将参数设置中控制信号源的对勾去掉，动态范围测试对话框中选机

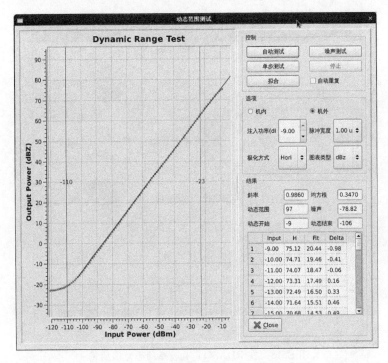

图 E.20　机外动态范围结果显示对话框

内和 dBZ，然后点击自动测试，见图 E.21 所示。结果保存位置同机外动态。

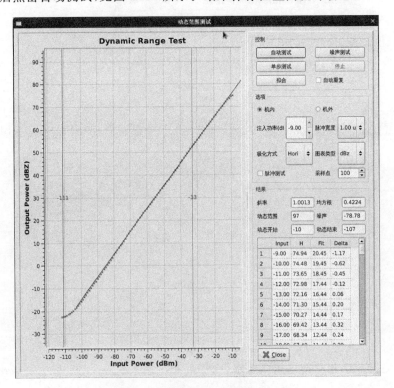

图 E.21　机内信号源测量动态范围

E.2.6 数据记录及技术指标要求

注入信号功率	系统输出（实测值）	拟合直线斜率 1 ± 0.015 拟合直线	截距 差值	差值的平方
-112				
-111				
-110				
-109				
-108				
-107				
……	……	……	……	……
……	……	……	……	……
-20				
-19				
-18				
-17				
-16				
-15				
-14				
-13				
-12				
			均方差	
			均方根差	$\leqslant0.5$

拟合直线斜率： 1 ± 0.015

拟合均方根误差： $\leqslant0.5$

上拐点：_____ dBm

下拐点：_____ dBm

动态范围： $\geqslant95dB$

E.2.7 注意事项

在测量接收机动态范围前，确保已按正确的标定方法标定完接收机测试通道。

附录 F　系统指标

F.1　系统相位噪声测量

F.1.1　指标描述

系统的相干性表征雷达系统内各信号的频率的稳定性，频域用极限改善因子 $L = S_p / N_p$ 来表示信号的相干性，时域用相位噪声表征雷达系统的相干性。

F.1.2　测量方法

系统相位噪声采用 I、Q 相角法进行测量和计算。将雷达发射脉冲通过定向耦合器耦合输出，经延迟 $5\mu s$ 后送入接收通道；接收机对该信号进行放大、下变频、中频处理后，将正交 I、Q 信号送入信号处理器；信号处理器对该 I、Q 信号进行采样、计算相角，求出采样信号相角的均方根误差并用其表示系统的相位噪声。

F.1.3　仪表及附件

1）RDASC 软件。
2）RDASOT 软件。

F.1.4　测量框图

系统相位噪声测量框图见图 F.1。

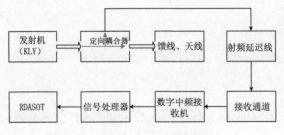

图 F.1　系统相位噪声测量框图

F.1.5　测量步骤

（1）RDASC 离线定标
发射机预热完毕后打到遥控、自动的位置。

启动 RCW 平台，标定结束后在控制中选择离线标定，连续标定 10 次，在文件 computer/
filesystem/opt/rda/log/date-IQ62. log 中记录结果，见图 F. 2：

```
AVERAGE ARG =      39.45958
SQUARE ROOT=   4.2439245E-02
UNFILTERED =      30.02458      dB
CLUTTER SUPRESSION =      62.60708      dB
```

图 F. 2　PPP 法反演相位噪声

也可在 RCW 平台性能数据界面的标定检查项实时查看测量结果。见图 F. 3。

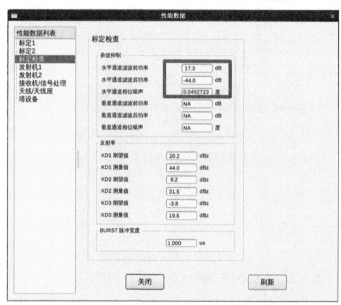

图 F. 3　PPP 法滤波前后功率比反演相位噪声界面图

（2）RDASOT 自动测量

1）打开 RDASOT 中相位噪声，如图 F. 4 所示；

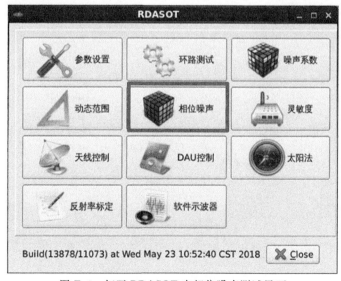

图 F. 4　打开 RDASOT 中相位噪声测试界面

2)相位噪声设置如图 F.5 所示,其中发射机采样个数可以修改;

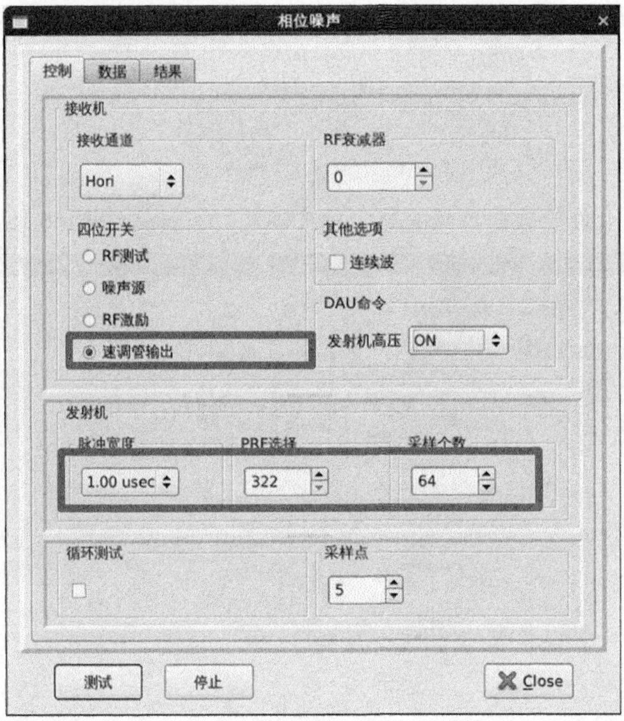

图 F.5　相位噪声设置界面图

3)将发射机置于手动、本控状态,开高压;

4)点击测试即可完成一组检测并可显示检测结果,如图 F.6 所示(若选中循环测试可连续检测)。

图 F.6　相位噪声检测结果

F.1.6　数据记录及技术指标要求

测量次数	1	2	3	4	5	6	7	8	9	10	平均值
相位噪声(°)											≤0.15°

F.2　回波强度定标检验

F.2.1　指标描述

新一代天气雷达系统具有强度自动标校功能,当雷达系统参数发生变化时,所探测到的回波强度仍保持一定的精度。

F.2.2　检验方法

分别用机外信号源和机内信号源注入功率为−90dBm 至−40dBm 的信号(实际注入信号根据路径损耗不同会有差异),在距离 5km 至 200km 范围内检验其回波强度的测量值,回波强度测量值与注入信号计算回波强度值(期望值)的最大差值应在±1dB 范围内。机外信号和机内信号从接收机前端输入点必须相同。

根据天气雷达方程,由注入信号功率计算回波强度可采用公式(F.1)计算。

$$dBZ = P_r + 20\lg R + R \times L_{at} + C_0 \tag{F.1}$$

$$C_0 = 10\lg\left(\frac{2.69\lambda^2}{P_t \tau \theta \varphi}\right) + 160 - 2G + L_\Sigma + L_P \tag{F.2}$$

式中:

P_r:输入接收机的回波信号功率(dBm)。

R:回波距离(km)。

L_{at}:双程大气损耗(dB/km)。

C_0:雷达常数。

λ:雷达工作波长(cm)。

P_t:雷达发射脉冲功率(kW)。

τ:发射脉冲宽度(μs)。

θ:天线水平方向波束宽度(°)。

φ:天线垂直方向波束宽度(°)。

G:天线增益(dB)。

L_Σ:馈线系统总损耗(dB)。

L_P:匹配滤波损耗(dB)。

F.2.3　仪表及附件

(1)机外信号源法

1)信号源(Agilent E4428C 或同类型)。

2)功率计（AgilentE4418B 或同类型）。

3)功率探头（Agilent N8481A 或同类型）。

4)连接电缆 1 根（N-N 型）。

5)连接电缆 1 根（N-SMA 型）。

6)射频连接器（N/SMA-KJ、N-50KK）。

7)网线。

（2）机内信号源法

RDASOT 软件。

F.2.4 测试框图（机外信号源）

机外信号源测试框图见图 F.7。

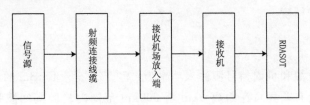

图 F.7 机外信号源测试框图

F.2.5 测试通道定标

1)点击 RDASOT，进入菜单，见图 F.8 所示；

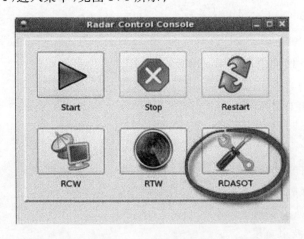

图 F.8 启动 RDASOT

2)选择反射率定标，见图 F.9 所示；

3)正常打开界面之后所有参数数值显示为灰色，不可修改，需要点击修改才可对适配参数进行更改，见图 F.10 所示；

4)首先在参数 2 到参数 6 中确定雷达系统的波长、天线增益、发射机峰值功率、脉冲宽度、天线的水平和垂直波束宽度等参数正确，见图 F.11 所示；

5)然后在参数 1 中实测频率源 J3 输出功率（应修改 R36 项与实测值一致）；

图 F.9　启动反射率标定

图 F.10　修改适配参数

6)软件示波器设置接收机为连续波、接收机前端注入信号、RF 衰减器衰减 0dB、RF 测试，然后功率计实测保护器输出端输出功率,设置界面面见图 F.12。

7)调整 R36 或 R25,使显示注入功率值和实测保护器输出端输出功率一致,见图 F.13.

图 F.11　修改雷达定标参数页面参数

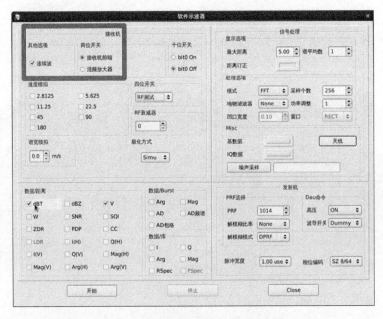

图 F.12　注入功率测试设置界面图

8)使用信号源和功率计实测发射支路损耗、接收支路损耗。与原适配参数进行比较,修改使参数 3(R22 为发射支路损耗、R24 为接收支路损耗)中的数值和实测值一致,见图 F.14 所示。

图 F.13　修改适配参数 1 中 R36 页面界面

图 F.14　修改参数 3 页面图

9)修改完毕后点击保存,然后关闭窗口并重新打开,进行反射率标定,标定结果如有超差,可更改参数 2 中的 R53 项进行修正(宽脉冲修改 R54),见图 F.15 所示。

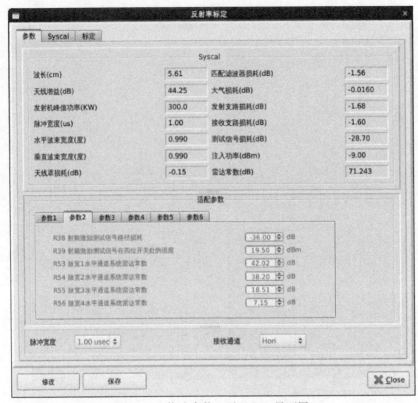

图 F.15　修改参数 2 页面 R53 界面图

F.2.6　检验步骤

(1)机内信号源法

机内信号源法反射率定标,选择标定和机外测试,点击开始,则系统自动运行标定程序,见图 F.16。

注意:台站周、月维护中机内强度定标以检查为主,以便及时发现异常。若定标检查中发现反射率偏差不符合指标要求,应先进行接收机测试通道定标(使强度定标软件中显示的注入功率值和机外注入功率测量值一致),重新进行机内强度定标检查,并根据新的偏差调整 R53 项,使机内定标偏差符合指标要求。若未进行接收机测试通道定标,则不能直接调整 R53 项。

(2)机外信号源法

1)信号源输出通过测试电缆(电缆衰减已标定)从接收机保护器输出端注入机外测试,如图 E.13;

2)按照图 E.15、图 E.16、图 E.17,设置信号源 IP 地址、雷达工作频率和测试电缆损耗,用网线连接 RDA 计算机和信号源;

3)运行 RDASOT 中的反射率定标,选择定标和机外测试,见图 F.16,外接信号源的输出功率设置应该满足如下条件:接收机保护器输出功率=信号源输出功率+线缆衰减(负值),软件示波器设置窄脉宽;

图 F.16　机内信号源强度定标

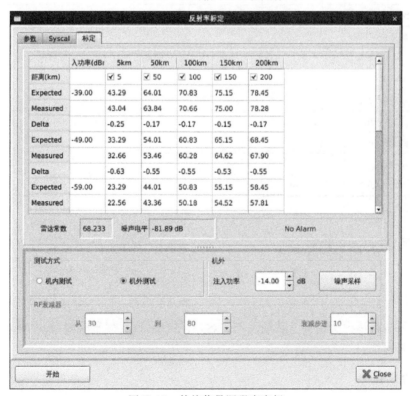

图 F.17　外接信号源强度定标

4)在信号源输出设置完毕的基础上再依次衰减 30dB、40dB、50dB、60dB、70dB、80dB,测量 6 次;

5)撤除测试电缆,恢复雷达系统线缆连接。

注:机内、机外的注入功率应一致,如有略微差别,通常为测试电缆标定误差,可通过微调电缆损耗值使之一致。

F.2.7　数据记录及技术指标要求(取最大差值)

反射率　距离　输入信号		5(km)	50(km)	100(km)	150(km)	200(km)
−40dBm	测量值(dBZ)					
	期望值(dBZ)					
	差值(dB)	≤1.0	≤1.0	≤1.0	≤1.0	≤1.0
−50dBm	测量值(dBZ)					
	期望值(dBZ)					
	差值(dB)	≤1.0	≤1.0	≤1.0	≤1.0	≤1.0
−60dBm	测量值(dBZ)					
	期望值(dBZ)					
	差值(dB)	≤1.0	≤1.0	≤1.0	≤1.0	≤1.0
−70dBm	测量值(dBZ)					
	期望值(dBZ)					
	差值(dB)	≤1.0	≤1.0	≤1.0	≤1.0	≤1.0
−80dBm	测量值(dBZ)					
	期望值(dBZ)					
	差值(dB)	≤1.0	≤1.0	≤1.0	≤1.0	≤1.0
−90dBm	测量值(dBZ)					
	期望值(dBZ)					
	差值(dB)	≤1.0	≤1.0	≤1.0	≤1.0	≤1.0

F.3　径向速度测量检验

F.3.1　指标描述

新一代天气雷达为全相参多普勒天气雷达,通过径向速度测量检验,检验雷达系统多普勒处理能力的正确性。

F.3.2　检验方法

用机内、机外信号源输出频率为 $f_c + f_d$ 的测试信号送入接收机,f_c 为雷达工作频率,改

变多普勒频率 f_d，读出速度测量值 V_1 与理论计算值 V_2（期望值）进行比较，V_3 为终端速度显示值。

计算公式：

$$V_2 = -\lambda \frac{f_d}{2} \qquad\qquad (F.3)$$

式中：

λ：雷达波长。

f_d：多普勒频移。

F.3.3　仪表及附件

1）信号源（Agilent E4428C 或同类型）。

2）连接电缆 1 根（N-N 型）。

3）射频连接器（N-50KK）。

4）RDASOT 软件。

F.3.4　测试框图

机外信号源测试框图见图 F.18。

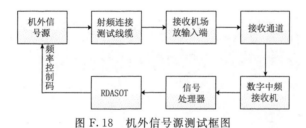

图 F.18　机外信号源测试框图

F.3.5　信号源设置

1）频率：雷达工作频点

2）信号类型：连续波

3）信号幅度：－10dBm

F.3.6　检验步骤

（1）机外信号源

1）按照图 F.18，连接信号源，信号源输出通过测试电缆输入场放输入端；

2）设置信号源；

3）运行 RDASOT 中的软件示波器，重复频率（PRF）先设置为 1014Hz，DPRF 设置为双重频模式 4:3 模式解速度模糊，设置如图 F.19 所示；

4）设置完毕后点击开始；

5）改变信号源的频率，找速度 0 点，图 F.20：先从"百位"上改频率，方法为按下频率键，将光标移动到"百位"上粗调，当速度接近 0 点时，再移动左右箭头，在"十位"和"个位"上细调，直到如图 F.20 所示找速度 0 点；

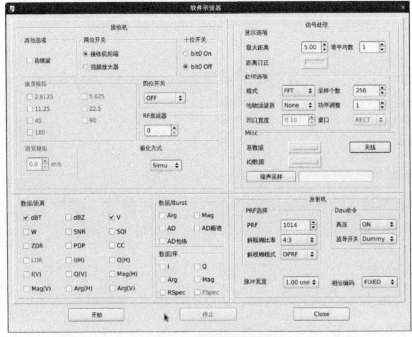

图 F.19　双重频设置界面

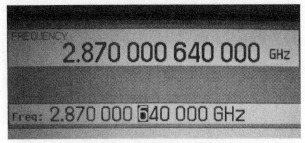

图 F.20　信号源频率修改

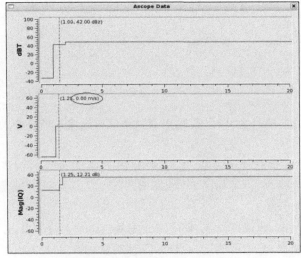

图 F.21　机外信号源测试框图

6）如图 F.21，待找到速度真 0 点以后，将信号源的光标移动到百位上，即每次步进为 100Hz，负速向上变频至 1kHz，记录数据；正速向下变频至 1kHz，记录数据；

7）若测量结果不符合技术指标要求，需要按照维修手册进一步检修；

8）撤除测试电缆，恢复雷达系统线缆连接。

（2）机内信号源

运行 RCW，在性能数据中的定标 1 中查找速度，如图 F.22。

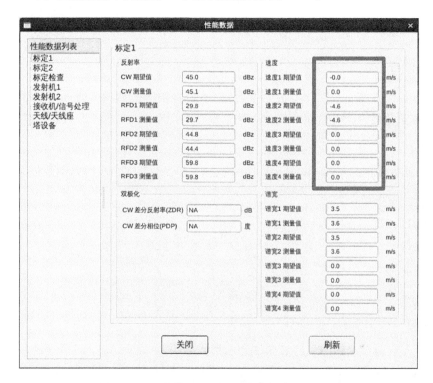

图 F.22　机内信号源径向速度测量检验值查询

F.3.7　数据记录及技术指标要求

1）机外（取最大差值）

序号	f_d(Hz)	V_3(m/s)	V_1(m/s)	V_2(m/s)	$\Delta V = V_1 - V_2$(m/s)
1	1000				≤1.0
2	900				≤1.0
3	800				≤1.0
...	...				...
11	0				≤1.0
...	...				...
19	−800				≤1.0
20	−900				≤1.0
21	−1000				≤1.0

注：V_1 为理论值，V_2 为解速度模糊后实测值，V_3 为终端速度显示值。

2)机内

图 F.22 中速度 1、速度 2、速度 3、速度 4 中为实测值与期望值的最大差值。

F.4　实际地物对消能力检查

F.4.1　指标描述

检验雷达系统的实际地物对消能力。

F.4.2　检查方法

在 0.5 度的晴空基本反射率回波图上,根据经验在探测范围内选择 1 处固定位置地物的强地物回波对消前后反射率值(dBZ),对消前和对消后的 dBZ 差值即为雷达实际地物对消能力。

F.4.3　仪表及附件

1)RDASC 软件。
2)BDAVC5.EXE 程序。
3)RPG 程序。

F.4.4　检查步骤

1)首先在 RDA 上运行 RDASC 软件,同时在 RDA 服务上存 dBT 基数据,和相同文件名的 dBZ 基数据;

2)将 RDA 服务器上的两个同名文件分别拷入运行 BDAVC5.EXE 程序的计算机的不同文件夹里;

3)打开 BDAVC5.EXE 程序,点击带有圆圈的 R,分别选择上述方法中保存的 dBZ 和 dBT 格式的基数据,在程序中生成反射率强度,两者可先后在同一界面显示,见图 F.23;

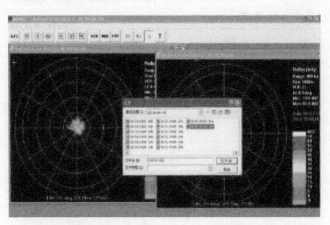

图 F.23　BDAVC5.EXE 程序界面

4)选中＋鼠标联动功能并点击鼠标右键选择放大功能,见图 F.24;

5)旋转鼠标滑轮放大选取的最大地物强度区域读取固定位置地物对消前后 dBT 值(＋显示对应方位距离库的 dBZ 值),见图 F.25;

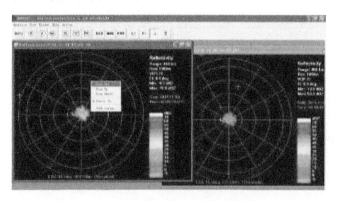

图 F.24　消地物滤波前后回波强度-1

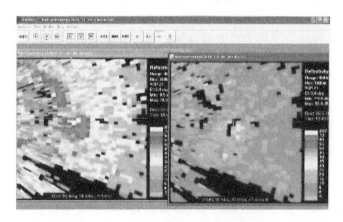

图 F.25　取消地物滤波前后回波强度-2

6)点击带有圆圈的 V,选择上述方法中保存的 dBZ 或 dBT 格式的基数据,在程序中生成速度图,检查同样距离库、方位、仰角的地物速度值是否小于 1m/s,如果速度大于 1m/s,说明不是地物,或者地物上面存在降水,该数据无效。

F.4.5　数据记录及技术指标要求

序号	方位(°)	距离(km)	对消前(dBZ)	对消后(dBZ)	地物对消抑制比(dB)	径向风速(m/s)
1					≥35	≤1m/s

F.4.6　注意事项

1)应选择晴空、无风或微风天气。

2)一定要取同一位置的地物回波在滤波前和滤波后的功率。

3)所选地物回波处径向风速应小于 1m/s。

附录 G 天伺系统

G.1 天线座水平度定标检查

G.1.1 指标描述

雷达天线座如果水平度超差，会造成天线不在同一个平面上转动，影响雷达探测准确性。

雷达天线的水平旋转主要靠方位电机通过减速装置来驱动方位齿轮大轴承的，而雷达天线反射体、俯仰舱、俯仰轴、配重等重量比较庞大，长期运行会使方位齿轮轴承有不同程度的磨损；托举雷达天线的建筑物，也会因种种原因发生不同程度的沉降，所以，雷达天线座的水平度需要定期进行检查、调整。

G.1.2 检查方法

将雷达天线停在方位 0°，仰角 0°；将合像水平仪按图 G.1 所示放置在天线转台顶部；控制天线分别停在 0°，45°，90°，135°，180°，225°，270°，315°。在每个角度调整合像水平仪达到水平状态，记录合像水平仪的读数，根据公式（G.1）计算天线转台的水平度。顺时针推动天线一周之后，再逆时针推动天线，在上述 8 个位置分别记下合像水平仪的读数，根据公式（G.1）计算天线转台的水平度。在表格中分别记录顺时针、逆时针转动天线的测量值。

$$\Delta \alpha = \left| \frac{\alpha_n + \alpha_n + 180}{2} \right| = \left| \frac{2m_n + (-2m_{n+180})}{2} \right| = |m_n - m_{n+180}| \tag{G.1}$$

式中：

m_n、m_{n+180} 为天线在 n 和 $n+180$ 角度上的合像水平仪读数。

G.1.3 仪表及附件

1）合像水平仪。

2）所需工具：300mm 活动扳手、600mm 活动扳手、工作行灯、升降梯（≥5m）、天线水平调整紫铜片若干。

G.1.4　检查示意图

天线座水平度检查示意图见图 G.1。

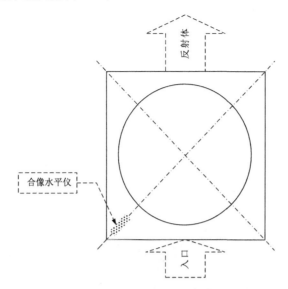

图 G.1　天线座水平度检查示意图

G.1.5　测量步骤

在天线座调整基本水平后,将合像水平仪按图 G.1 所示摆放在天线座俯仰舱内,合像水平仪刻度标尺对向天线座轴心。选择一个测量点(例如 0°)测量并读取、记录合像水平仪刻度盘读数(此时合像水平仪测量的结果实际是 45°方向,应该记录为 45°位置上的偏差,合像水平仪这种摆放方式,决定了实际测量的方向跟天线反射体的朝向相差 45°),然后推动天线转动 45°测量并读取、记录刻度盘读数,依次完成 8 个方向的测量。

将互成 180°方向(同一直线上)的一组数相减(如 0°和 180°、45°和 225°、90°和 270°、135°和 315°,见图 G.2 所示)得出 4 个数据,这 4 个数的绝对值最大值,即为该天线座的最大水平误差。

为使测量记录看起来直观,也为方便调整天线水平,可将测量结果按图 G.2 所示模板记录。这种记录方式,可以直观看出天线座是否水平、哪边高、哪边低、该如何调整等。

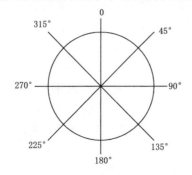

图 G.2　天线座水平检查记录模板

G.1.6 天线座水平调整

天线座是通过天线座底边法兰上的六个螺栓将天线座固定在铁塔平台（铁塔）或天线座基环（水泥平台），每个紧固螺栓旁边都有一个调整螺栓，调整螺栓可进行天线座水平调整，见图 G.3 所示。

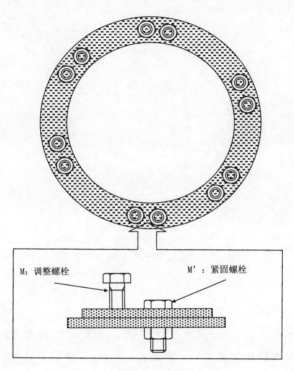

图 G.3 天线座底部安装示意图

1）根据测试的结果，确定要垫高（或降低）的方位；

2）适当松开全部紧固螺栓，针对测量记录的结果，拧动水平调整螺栓，支撑起欲垫高（或降低）的方位；

3）根据合像水平仪测试记录水平调整的位移量，插入（或撤除）合适厚度的紫铜片，松开调整螺栓、拧紧紧固螺栓；

4）按 G.1.5 节的水平测量方法进行再次测量。如此反复，一直调整到符合要求为止；

5）调整紧固螺栓为紧固状态。

G.1.7 注意事项

1）合像水平仪放置好后，身体不要碰撞合像水平仪，以防止合像水平仪位移引起测量误差。

2）合像水平仪和测量人员就位后，应撤掉升降直梯、整理好行灯电源线，确保推动天线时无意外发生。

3）调整完成后要确保紧固螺栓为紧固状态。

G.1.8　数据记录及技术指标要求（取最大水平度差值）

方位（度）		45	90	135	180	225	270	315	360
第一次测量	读数（格）								
	计算值（″）								
最大差值（″）		≤60							
第二次测量	读数（格）								
	计算值（″）								
第一次测量最大误差（″）		≤60				第二次测量最大误差（″）			≤60

G.2　雷达波束指向定标检查

G.2.1　指标描述

雷达角度传感器输出的方位角和仰角为相对角度，需要按照地理正北方向为方位 0°，地平面为仰角 0°的坐标系进行校正，确认雷达波束指向的准确性。

G.2.2　测量方法

波束指向性定标采用太阳定标法，太阳定标法是使用 RDASOT 软件自动标定，得出天线的方位角、俯仰角的误差值。

太阳定标法原理为：根据地球与太阳的天体运动规律，利用雷达天线喇叭口所在的经纬度以及北京时间，最终计算出此时太阳在天空中的位置，即与地理北极的夹角（方位）和与地平面夹角（仰角）。而后利用这两个数据指引雷达天线在此处一定范围内的天空搜索太阳的噪声信号，一旦发现就立即记录下时间和天线指向的方位和仰角，全部搜索完成后，再经过类似的运算，得出天线的指向和实际太阳的位置间的误差，然后在伺服系统进行标定，消除误差。

G.2.3　仪表及附件

RDASOT 软件。

G.2.4　测试步骤

1）检查天线座水平在要求范围之内，RDA 计算机时间精确到 1s（打电话 01012117 对时），检查雷达站经度、纬度参数；

2）运行 RDASOT 中的太阳法，点击开始，见图 G.4；

3）测试结束后，天线回到 Park 位，此时 Suncheck 界面内红色字体为测试结果，记录测试结果。若结果不符合技术指标要求，应进行调整。

消除误差调整步骤如下：

工具：软件串口调试助手；波士卡及清零调试电缆；计算机。

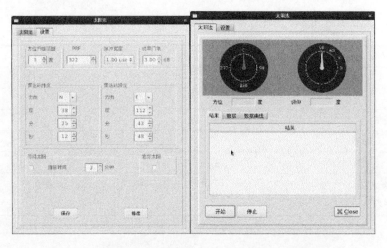

图 G.4　太阳法定标雷达站经度、纬度参数检查和控制界面

操作步骤:

(1)首先将天线停在有误差的方位和仰角上(如仰角误差为偏高 0.5 度,则让仰角停在 0.5 度位置,方位同理),在将伺服控制分机钥匙打到本控,关闭伺服开关红色按钮;

(2)接通串口调试助手;

(3)清零指令定为:

方位清零指令:FF　FF　57　57　A5　A5

俯仰清零指令:FF　FF　58　58　A5　A5

输入清零指令后,方位(俯仰)角度变为零。

重新启动伺服后可正常开机。

G.2.5　注意事项

1)为确保测试数据准确性,测试前必须检查雷达经纬度、校准计算机时间。

2)测试时间应保证太阳高度角在 $8°\sim50°$ 之间,最佳太阳高度角是 $15°\sim30°$。

3)晴空无云状态下检测。

4)海边或雷达站四周有大面积湖泊的,可能上午、下午测试结果会不一致,而且偏差比较大,这是因为水汽折射造成的,属正常现象,可根据当地主要探测方向确定测试结果。

5)如果在同一时段内的多次测试发现测试结果变化起伏不稳定,则需要检查机械传动、天线配重、天线水平等。

G.2.6　数据记录及技术指标要求(取最大偏差值)

序号	1	2	3	4	5
方位角偏差	≤0.2°	≤0.2°	≤0.2°	≤0.2°	≤0.2°
俯仰角偏差	≤0.2°	≤0.2°	≤0.2°	≤0.3°	≤0.2°
方位角最大偏差:　≤0.2°			俯仰角最大偏差:　≤0.2°		

G. 3 天线控制精度检查

G. 3. 1 指标描述

天线控制精度指通过伺服系统使天线自动到达方位和俯仰预定位置的精度。

G. 3. 2 检查方法

通过 RDASOT 软件发送天线方位和仰角的定位指令,当雷达天线停稳后,记录天线当前指示值与预置值之间差值。分别用 12 个不同方位角和俯仰角的实测值与预置值之间差值的最大值来表征。

G. 3. 3 仪表及附件

RDASOT 软件。

G. 3. 4 检查步骤

运行 RDASOT 中的天线控制,点击自检见图 G.5。

1)方位控制精度检查。在天线命令的方位位置内设置需测试的方位角,点击定位,记录天线位置中方位位置内显示值。每次步进为 30°,变化范围 0°~360°;

2)俯仰控制精度检查。在天线命令的俯仰位置内设置需测试的仰角,点击定位,记录天线位置中俯仰位置内显示值。每次步进为 5°,变化范围 0°~55°;

3)计算显示值与设置值之间的误差并记录。若结果不符合技术指标要求,应进行定标。

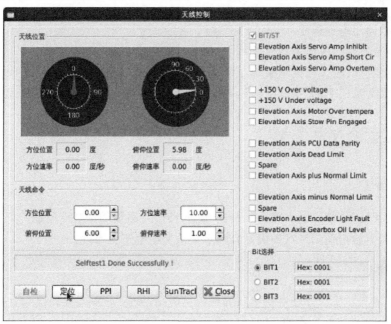

图 G.5 天线控制精度测试

G.3.5 定标方法

CINRAD/CB 雷达 1 控制精度调整，需要专用软件进行。

G.3.6 数据记录及技术指标要求

方位			仰角		
设置值(°)	指示值(°)	差值(°)	设置值(°)	指示值(°)	差值(°)
0			0		
30			5		
60			10		
90			15		
120			20		
150			25		
180			30		
210			35		
240			40		
270			45		
300			50		
330			55		
最大误差	≤0.1		最大误差	≤0.1	

G.3.7 注意事项

1）方位、俯仰的控制精度，应分开逐一测试、注意调整。

2）调整电位器时应缓慢匀速调整，同时观察角码变化。

3）调整电位器时应保证伺服系统强电持续供应（5A7 三相电源指示灯亮）状态，一旦断电应停止调整，重新发出 Park 指令后再行调整。

G.4 发射支路损耗测量

G.4.1 指标描述

系统馈线损耗（包括发射支路馈线损耗 L_T 和接收支路馈线损耗 L_R）是气象雷达方程中重要的参数，该参数的精确测量对准确计算降水粒子反射率至关重要。

G.4.2 测量方法

使用信号源和功率计分段对雷达馈线系统总损耗、发射支路损耗和接收支路损耗进行测试。系统总损耗 L_Σ 计算公式如下：

$$L_\Sigma = L_T + L_R \tag{G.2}$$

G.4.3 仪表及附件

1)信号源(Agilent E4428C 或同类型)。

2)功率计(Agilent E4418B)。

3)功率探头(Agilent N8481A)。

4)N 型测试电缆(7 米低损耗超柔同轴测试电缆)。

5)波导同轴转换器(HD-32WCANK/FAP)。

6)射频转接头 1 套。

7)N 型短路器(HD-030CSCNJ)。

8)90 度射频转接头(HD-N90-KWK)。

G.4.4 技术要求

信号源和功率计确保在检定期内。

G.4.5 测量步骤

(1)标校功率计功率输出功率和信号源输出功率误差曲线方法为:

1)分别打开信号源和功率计电源开关,信号源和功率计预热 30 分钟;

2)标校功率计后设置功率计频点在雷达工作频率,衰减偏置和占空比偏置设置为 off,设置雷达工作频点补偿值;

3)功率机功率测量探头直接连接到信号源射频输出端;

4)信号源射频在 CW 信号,射频开关置于 on;

5)在 -18dBm~0dBm(接收支路损耗一般在 -20dBm~+5dBm)范围,间隔小于 2dBm,调整信号源输出功率,分别测量功率计显示值;

6)用 Excel 表做出信号源输出功率(纵坐标,单位 dBm,间隔 2dB)和功率计对应功率测量值(纵坐标,单位 dBm)的柱状图,见图 G.6;

7)找出功率计显示值和对信号源输出功率误差最小区间。

8)下表中,功率计误差最小区间在 -12dBm~-14dBm 之间,一般馈线损耗不会超过 4dB,因此,选取信号源输出功率为 -12dBm。

功率计误差测试记录表:

信号源输出功率(dBm)	-18	-16	-14	-12	-10	-8	-6	-4	-2	0
功率计显示功率(dBm)	-17.93	-15.94	-13.97	-11.97	-9.95	-7.97	-5.97	-3.93	-1.92	0.24
差值(dB)	0.07	0.06	0.03	0.03	0.05	0.03	0.03	0.07	0.08	0.24

9)信号源输出功率和功率计对应功率测量值的曲线见图 G.6。

(2)调整信号源射频输出在功率计显示值和对应信号源输出功率误差最小区间(对于 T/R 管接收机保护器,保护器对输入的大功率信号衰减比较大,一般正常接收状态接收机保护器前端注入信号应小于 0dBm,最大不要超过 5dBm),将雷达站配备的射频连接电缆连接到信号源输出端和功率测量探头上,测量连接电缆损耗值(注意:C 波段连接头一个损耗为 0.05dB)。

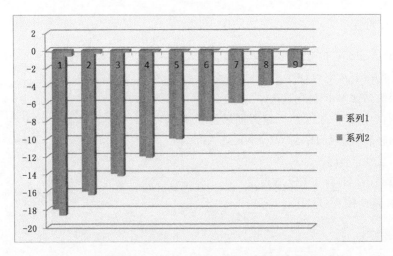

图 G.6　信号源输出功率和功率计对应功率测量值的曲线图

连接电缆损耗测试记录：

信号源输出功率（dBm）	功率计显示功率（dBm）	连接头（dB）	电缆损耗（dB）
−12dBm	−13.56dBm	0dB	1.56dB

1)拆掉发射机发射功率输出测量点的定向耦合器（见图 G.7），将波导同轴转换连接到拆掉的连接定向耦合器通向天线的波导口，将信号源输出通过射频连接电缆连接到波导同轴转换口；

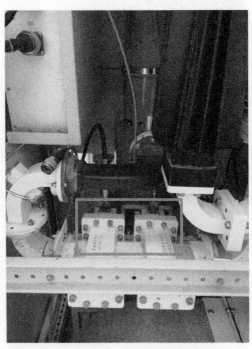

图 G.7　要拆下的发射机柜内定向耦合器

2)拆掉和天线端波导连接(见图 G.8),连接波导同轴转换,功率计探头直接连接到波导同轴转换头,雷达在 RDASOT 测试平台下 DAU 测试控制波导开关在天线位置(见图 G.9),关闭天线罩门,读出功率计显示值(注意测量前标校功率计);

图 G.8 要拆下的天线的连接弯波导

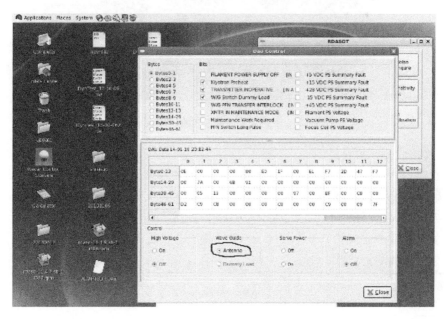

图 G.9 RDASOT 平台 DAU 波导开关设置为天线界面图

(4)计算发射支路损耗值

发射支路损耗＝信号源输出功率值－功率计显示功率值－测试电缆损耗值＋其他未测的连接波导损耗值【功率探头测量口到天线增益测量口(CB雷达为天线反射体边缘)损耗,CB雷达一般未测的连接波导损耗值:0.05＋0.043×4＝0.22dB(未测4m连接波导和连接法兰一个),其中C波段直波导单程损耗为0.043dB/m,一个连接法兰单程损耗为0.05dB】。

发射支路损耗测量记录:

信号源输出功率(dBm)	功率计显示功率(dBm)	电缆损耗(dB)	其他未测连接波导估算损耗(dB)	发射支路损耗(dB)
－12.0	－14.91	1.45	0.22	1.68

其他未测连接波导损耗(dB)估算数据说明:包含未测量部分直波导长度,连接法兰,以及未测量部分微波器件等计算出损耗总值。

(5)接收支路损耗测量

将发射机波导同轴转换和信号源连接电缆断开,以及功率计探头和天线波导同轴转换连接断开,通过连接电缆将信号源连接到原来功率探头连接的波导同轴转换处,拆掉保护器和后级连接(CB雷达为和场放连接,见图G.10),将功率探头直接连接到保护器输出口,仪表加电,正常标校和设置后,调整信号源射频输出在功率计显示值和对应信号源输出功率误差最小区间,读出功率计显示值。

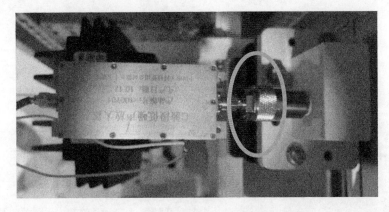

图G.10　要拆下的发射机柜的场放连接头

(6)计算接收支路损耗值

接收支路损耗＝信号源输出功率值－功率计显示功率值－测试电缆损耗值＋未测的直波导损耗值【功率探头测量口到天线增益测量口(CB雷达为天线反射体边缘)损耗,CB雷达一般未测的连接波导损耗值:0.05＋0.043×4＝0.22dB(未测4m连接波导和连接法兰一个),其中C波段直波导单程损耗为0.043dB/m,一个连接法兰单程损耗为0.05dB】。

接收支路损耗测量记录:

信号源注入功率(dBm)	功率计显示功率(dBm)	电缆损耗(dB)	其他未测连接波导估算损耗(dB)	接收支路损耗(dB)
－12.0	－15.05	1.45	0.22	1.60

其他损耗(dB)计算数据说明:包含未测量部分直波导长度和连接法兰,以及未测量部分微波器件等计算出损耗总值。

(7)计算收发支路总损耗值

收发支路总损耗值=接收支路损耗+发射支路损耗=3.28dB。

G.4.6　收发支路损耗定标

收发支路损耗参数修改见图 G.11,在修改接收、发射支路时,修改对应参数,R22 为发射支路损耗,R24 为接收支路损耗,保证对应参数值和与实测值一致即可。

图 G.11　修改收发支路损耗参数 3 页面图

修改完毕后点击保存,然后关闭窗口并重新打开 RDASOT 反射率标定,进行反射率标定。

G.4.7　注意事项

1)将信号源架设在发射机后面,并开机预热(有些仪表的预热时间较长,避免因仪表预热时间不够带来的测量误差)。

2)正式测试前,必须标定全部参与测试的测试电缆。

3)停止雷达运行任务,关闭发射机所有开关,关闭配电机柜处发射机和伺服供电开关。

4)关空压机供电开关。